中国寿山石全品种图谱

王文章 题

吴美英 著

海峡出版发行集团
THE STRAITS PUBLISHING & DISTRIBUTING GROUP

福建美术出版社

图书在版编目（CIP）数据

中国寿山石全品种图谱 / 吴美英著 . -- 福州：福
建美术出版社，2012.7
ISBN 978-7-5393-2744-0

Ⅰ . ①中… Ⅱ . ①吴… Ⅲ . ①寿山石—介绍—中国—
图谱 Ⅳ . ① TS933.21-64

中国版本图书馆 CIP 数据核字 (2012) 第 161537 号

摄影：朱文光　朱晨辉

中国寿山石全品种图谱

吴美英　著

出版发行：海峡出版发行集团
　　　　　福建美术出版社
经　　销：福建新华发行集团有限责任公司
社　　址：福州市东水路 76 号 16 层
邮　　编：350001
服务热线：0591-87620820（发行部）
　　　　　0591-87533718（总编办）
印　　刷：深圳雅昌彩色印刷有限公司
版　　次：2013 年 1 月第 1 版第 1 次印刷
开　　本：635mm×965mm　　1/8
印　　张：57
印　　数：0001 — 2800
书　　号：ISBN 978-7-5393-2744-0
定　　价：398.00 元

作者简介

  吴美英，1953 年 11 月出生。现为寿山石雕刻、鉴赏、收藏艺术家。

  在寿山石和雕刻界"摸爬滚打"近四十个春秋，深受寿山石文化的熏陶，与寿山石结下不解之缘。

  从艺四十多年来，吴美英的足迹踏遍了寿山各矿区、矿洞，为传播寿山石文化不遗余力。2001 年，她作为寿山石界代表赴京参加"中国候选国石"的评审，为我省国石文化的发展做出了一定的贡献。

  她为人谦虚，待人诚恳，德才兼备。时常以石会友，切磋相石、刻石技巧。她也喜欢与众雕刻大家和寿山石爱好者谈石论艺，在业内和海内外收藏界都享有较高的声誉。

目录

序一

（一）

从福州汉代古墓出土的寿山石猪起算，中国人采集寿山石已有二千年历史了。明清以降，寿山石雕制的印章、摆件、手玩进入皇室、达官贵人和文人墨客手中，倍增的价值使大规模的寿山石采掘业开始繁盛。在寿山村、峨嵋村为中心方圆数十里地的山头、田间、河流，人们发现了品相、质地和色泽各异的上百个品种的寿山石，丰富的原料使石雕艺术和投资收藏业得到了长足发展，形成了完整的一个手工艺术品的产业体系。

天生丽质的寿山石经过精巧雕琢和文化润泽，其独特的魅力倾倒了无数中国人。在现当代社会，寿山石雕早已融入中国人独特的玉石文化价值体系中，并在相当程度上显示出其主流地位，在本世纪数次国石评比中均名列前茅。随着社会需求的无限增长，改革开放以后的三十年间，寿山石的采掘亦达到了巅峰。产区内的河流和田野已梳理过上百遍，山坑洞内，种种先进的挖掘手段层出不穷，交易市场和拍卖会上的规模和数量不断创出新的记录。一切都似乎在昭示着一种寿山石艺术品梦幻般的盛世的到来。就像寿山石与生俱来的绚烂色彩。

然而，就像地球是不可再生的一样，地球上的许多物种和资源也是不可再生的。就在我们这个时代，和田玉枯竭了，鸡血石枯竭了，青田石枯竭了，如果说寿山石尚未枯竭的话，那也是濒临枯竭。事实上田黄石绝产了，荔枝洞绝产了，太极头石绝产了，坑头石绝产了，芙蓉石限采了……这样的消息不断传来，以至于人们开始担忧寿山石艺术品产业的前景。已经采集了两千年，特别是经历了近年来爆炸式的破坏性开掘之后，难道我们能指望寿山石采集的永久和持续吗？寿山石产业大戏的落幕似乎已经为时不远了。

（二）

吴美英是寿山石雕界数位杰出的女性艺术家之一。

吴美英的家庭是寿山石雕界的"豪门望族"。她的公公冯久和先生是享誉四海的国家级艺术大师，冯久和的创作是国家级馆藏，并深刻影响了数代寿山石雕艺术家。吴美英的丈夫冯其瑞先生及他们的孩子吴佳雨先生、冯伟先生、冯敏女士均是知名的石雕艺术家，他们传承家教，锐意创新，以超过常人的努力，形成创作上的自我风格，在寿山石雕界享有显著的地位。身处如是家境，吴美英本可安享幸福生活，但她却兀自刀耕不辍，以她对寿山石的独特理解，从事着属于自己的艺术生涯，因此她的创作带有一种浓郁的自发式的情感。

吴美英与众不同之处还在于她对蒐集寿山石的狂热。在寿山村尚未通大路的年代，她就每次步行数十里的山路，在山头、坑洞、田野、河流留下了无数的足迹。简易公路时代，货车、摩托车、拖拉机都是她的代步工具。她几乎认识所有石农，并和很多人成了朋友。她蒐集寿山石原石之多、之全超越了所有寿山石博物馆。她对她的"宝贝"如数家珍，每个故事都引人入胜。她以专心与勤奋换来了对寿山石独特的感知和理解，她所购置的不起眼的普通石头，常常猛然间变成精美大制作，身价百倍。她因此成为寿山石界的传奇女子。

更难能可贵的是，她持有珍贵难得的石种和石样从不待价而沽，即便在生活压力巨大的艰难岁月。她认为这些石头的价值高于金钱。正是因为有了这种长期的坚守，我们今天才得以有幸获阅这部珍贵的《中国寿山石全品种图谱》。

（三）

吴美英当初蒐集寿山石的时候，她没有想到她从此与寿山石结下了不解之缘，她更没想到她是在为寿山石做一件大事。

吴美英花了一年多的时间和精力来整理这部书稿。事实上完成这部书稿她用了大半生的时间和精力，虽然收入的图片和文字仅是全部工作之一小部分，但可以代表她的思考和研究。这部书稿有别于她个人的艺术创作，是属于寿山石和寿山石的研究者和爱好者的，它应是中国玉石文化的构成因子，它所呈现的是寿山石本身和寿山石所具备的全部性状和面貌。

我在较前面的部分提到了寿山石资源的现状，但愿是杞人忧天。从清代以来的全部寿山石著述中，介绍石样石种的不在少数，但吴美英这部《中国寿山石全品种国谱》之细致、周全和详尽是前无古人的，恐也难后有来者，因为已经不再同时具备时代、环境和条件了。

为寿山石做备份，这便是吴美英工作的主要意义所在。

施　群

（福建人民出版社社长、总编辑）

序二

前不久，翻阅了美英大姐所著的《中国寿山石全品种图谱》画册样稿，顿感资料详实、装帧别致、图文并茂，仿佛被带进了一座寿山石的博物馆。《中国寿山石全品种图谱》所列的精美的寿山石石材就摆放在你的面前，100多个寿山石品种图片旁边都配有作者集几十年收藏与研究后，对每个寿山石品种的特征及雕刻过程中的切身心得体会，可谓门类、品种齐全，前所未有。翻阅全书，特别令人惊讶的是全书所有的寿山石品种只是美英大姐几十年来珍集、收藏的一小部分，真是蔚为壮观，大开眼界。

近年来，由于寿山石的文化地位和收藏价值的不断提高，图书市场上介绍寿山石的各类画册、书籍不可谓不多，美中不足的是或有文无图，或有图无介绍，或是图文不全，泛泛陈陈，均未能全面剖析，让读者有效认知寿山石品种的全部实际特征，可以囊括其中全部品种的鲜有所见。福建省发布的地方标准《寿山石鉴定标准》也由于缺少图谱，难以在广大的收藏爱好者和就业者中起到一个很好的指导作用，应该说这本书弥补了这方面的缺憾。

吴美英是我十分敬重的一位大姐，从我进入这个行业不久，我便有缘与她相识。十几年来，她和我的许多业内的朋友一样，让我充分感受着这个充满传统文化和艺术享受的神奇世界。她以石为友，为石而迷，是一个卓有成就的寿山石艺术收藏、鉴赏大家。这次她完全出于个人对寿山石艺术的热爱，把自己数十年来的资料和品种的积累，倾囊贡献，耗费了近一年的时光，终成正果。汇集成了这部寿山石品种的专著，奉献给社会，应该是寿山石界的一大喜事、好事。我相信《中国寿山石全品种图谱》的出版，对于推动寿山石研究、继承民间艺术、发扬民族文化、促进对外交流都将起到积极的推动作用。

余卫平

（福建省工艺美术研究院院长）

2012年12月18日草就

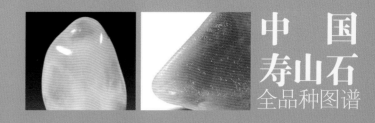

第一章 | **全品种图谱**

第一部分：田石类

在数百万年前的第三纪末期，盛产寿山佳石的寿山南面矿系的原生寿山石因地壳变迁或长期的风雨剥蚀，并自矿床分离后散落在山坡下的基础层上，经溪水冲刷搬运至溪旁及附近，逐渐被砂土层覆盖，在田中沉积下来，埋藏于田底，形成了"冲积型寿山石砂矿藏"。该砂矿受周围土壤、水分及温度等因素的影响，颜色变得外浓而向内渐淡，质地变得格外晶莹、温润，并且表面产生了石皮，肌理出现了红格纹等特征，仿佛能散发出光彩并渐渐酸化。这就是赫赫有名的"田黄石"。

田石，因出于田中而得名。又以黄色居多，故坊间称其为田黄。田黄石十分珍稀，《后观石录》中首次提出寿山石诸多品种石中"田坑第一"的观点，之后《寿山石谱》的作者龚伦提出：田黄石是集莹澈、温润、凝腻于一身的世间罕见宝石。数百年间由于文人墨客的推崇，清康乾年间帝后王公的钟爱，田黄被誉为"石帝"、"石中之王"，盛名至今不衰。旧时称"一两田黄一两金"，而今，田黄石的价格何止黄金数倍。

据地质研究报告，田黄石属于冲击型砂矿，矿物成分是纯净的典型地开石，并含有极微量的辉锑矿物，有的田黄石还含有少量伊利石。田黄石由于地理变化从母矿二次迁移到砂土水田之中，而且长期经风雨冲刷和沿溪流而下地滚动，故其石成自然独立的卵形块状，并无坑洞也无脉可寻、无踪可觅。未经加工的田黄石外观看起来与鹅卵石十分相似，但只需稍加摩挲便能感觉到它的细腻与滋润。正由于条件得天独厚，田黄石有以下外观特征：1. 温润凝腻的灵性；2. 微透明或半透明；3. 肌理常隐含细微有致的萝卜纹；4. 外表常裹上一层黑色、白色或黄色的石皮；5. 有红筋和格；6. 硬度在摩氏2.6度左右。以上也是辨识田黄石的传统经验之谈。

田黄石的种类很多，一般按产地、色泽、石皮和质地命名。

按产地分有上坂石、中坂石、下坂石、碓下坂石、溪管田石以及掘性坑头田石等。上坂田石、溪管田石、掘性坑头田石此三种系指寿山溪上游即坑头一带所产的田石，色泽多偏淡，比一般田黄石通灵。行家以为上坂田石通灵有余，温润不足，而且地处寿山溪上游，接近母矿，二次迁移时滚动行程短，故上坂田石少卵石形，多为棱角形块状，非上等田黄石产地。

中坂田石指坑头以下至铁头岭约150米地带所产田石，质地纯洁温润，萝卜纹清晰、致密，色黄且正，呈微透明状，是田黄石最佳的产地，由于数百年来的无数次挖寻已近绝产。下坂田石指寿山溪下游，现寿山广场公园以下所产田石，多色暗、质滞，脂润通灵度均比上坂田石略逊。偶有佳石，但为数极少。下坂以下称碓下坂，也出田石，称为碓下坂田石。其石质都显黄褐色、质地干涩，肌理常隐有小白点。这里所出田石均不及上、中、下坂的田石。

按石皮分，田石有黄皮、白皮、黑皮等，石皮有薄有厚，以质细嫩、微透明、均匀稀薄覆盖其上为佳品。田石内黄外裹白色石皮者称为"银裹金田黄石"，内白外裹黄色石皮者称为"金裹银田黄石"，外裹微透明的黑色石皮者，不论浓淡厚薄统称"乌鸦皮田黄石"。

田石以黄色调为主，故称田黄石，其黄色深浅不一、浓淡各异，故坊间以世间黄色花果等物比拟命名，有橘皮红、橘皮黄、黄金黄、枇杷黄、桂花黄、熟栗黄、桐油黄田石等，这只是借喻近似，并非与各物之色泽绝对一致。此外，还有红田石（煨红田）、白田石、黑田石等，但田石由于长期受到水田中富含铁质的酸性水质的滋养，均有黄色的底蕴。

田黄石中成色纯正、质地特别通灵又洁净者，称为"田黄冻石"；质地粗硬，但有萝卜纹、有石皮者又称"硬田石"。

前人因喜好田黄石，赞美田石有"六德"，即"细、结、润、腻、温、凝"，今人又增以灵、嫩、洁"三德"，说田石有"九德"。这些应是鉴赏者的心灵体会，并非鉴别田黄石的标准。

石农挖田黄如同淘金

寿山溪是田黄石的主要产区，状似如意

黄金黄田石

　　田石中色近似纯黄金者称为黄金黄田石，此石在田石中相对较多，上中下坂均有产。上坂色淡一些，中坂色正，下坂色偏暗。

　　黄金黄田石以质纯、色正、有皮、萝卜纹清晰为佳。

　　刀感：因其质娇嫩，刻之刀感细腻。上品者刻刀推划时绵绵无声，且石屑卷起，如蜡状，石粉细微，滑润。

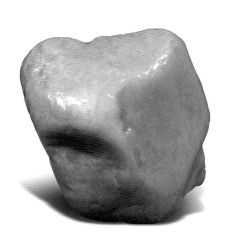

橘皮黄田石

　　橘皮黄田石是田黄石中上乘者，因黄中泛红而备受青睐，多产于寿山溪中坂，作为田黄石最佳产地所出之橘皮黄田石，质纯洁、温润、凝腻，微透明，且萝卜纹绵密，非常玲珑可爱。

　　石皮较厚的橘皮黄田石，其内部石质十分温润，俗称"包心田"。

橘皮黄田石中的稀皮田黄石

枇杷黄田石

　　田黄石中与枇杷果之黄色相似者称为枇杷黄田石，色比黄金黄略淡，倾向于淡黄或柠檬黄。枇杷黄田石因其色淡故更通灵一些，但不及黄金黄田石、橘皮黄田石那么饱和、温润。

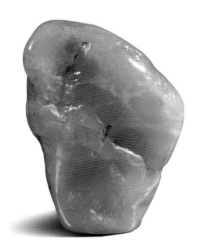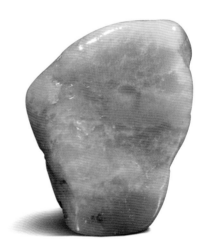

萝卜丝较粗、皮层不均匀、品质稍逊的枇杷黄田石

萝卜纹细密、皮层均匀洁净、且带有黄皮
的枇杷黄田石，属枇杷黄田石中之上品。

桂花黄田石

　　黄田石中色如黄色桂花者称为桂花黄田石，多产于上、中坂。与枇杷黄田石相比颜色更淡一些，但石质纯粹，深受文人雅士所喜爱。其实田黄石中冠以某种花果之黄色也只是近似而已，带有随意性，况且矿物和植物的颜色不可能绝对一样，所以这种命名并非绝对。

带厚石皮的桂花黄田黄石

熟栗黄田石

黄田石中色带褚黄，近似煮熟的栗子的称为熟栗黄田石，多产于中、下坂。不太透明，石质稍坚，色泽与桐油黄田石十分接近，但略黄一些。

黄皮、熟栗黄心，石皮的厚薄
层次分明。这类石刻薄意效果最佳。

桐油黄田石

桐油黄田石主要产于寿山溪下坂，色偏褚黄，呈深褐红，透明度差，萝卜纹不清晰，接近硬田石。如外裹黄皮者，若雕刻时施以薄意，深浅两色对比处理恰到好处，仍受藏家青睐。

色偏褚黄、透明
度差的桐油地田黄石

带白皮、黄皮，质地
较通灵的桐油地田黄石

红筋、杂质较多的桐油黄田石，上半部
分质地通灵，下半部分质地粗糙，分布较杂。

银裹金田黄石

　　田黄石表层裹以白色石皮者称为银裹金田黄石，俗称"银包金"，是一种色彩十分奇特的田黄石。多产于铁头岭及上、中坂一带田中。它并非白田石，而是田黄石外表如云雾般覆罩着一层或厚或薄、时有时无的白色石皮，与田黄石均匀裹着一层黄石皮有别。其皮细嫩洁净，色纯白，萝卜纹清晰，美净脂润，佳者似新鲜蛋黄裹以极薄蛋白，实属妙品，白色石皮不能全裹者次之。

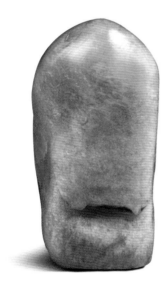

萝卜纹细密，石皮较均匀洁
净、全裹的银裹金田黄石

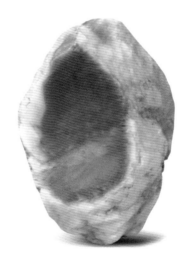

石皮较厚、不能全裹的银裹
金田黄石。质地欠通灵。

田黄冻石

　　田黄冻石主要产于寿山中坂，中坂是历史上出产优质田黄石最多的地段。田黄冻石质温润纯净，通体一色，比一般田黄石透明，肌理含萝卜纹，绵密而清晰。田黄被称为"石中之王"，田黄冻则堪称"王中之王"。书画家陈子奋曰："田黄石中，其通灵澄澈者，为田黄冻，大者极为罕见，价值连城。"

　　刀感：质较一般田黄石坚脆，刀刻有清脆之声。

不带石皮的田黄冻石

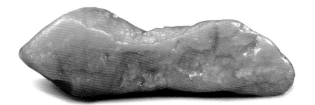

田黄冻石的石皮通常较稀薄

白田石质地细腻凝结，微透明，色多白中泛黄，似羊脂玉般温润，肌理含萝卜纹，有如血丝般的红筋。质纯色正的白田石价值不菲，不逊于优质田黄石，但质优者甚罕见。在寿山村附近芹石乡田中，产黄格黄筋的鲎箕田石，也多白中泛黄，萝卜纹紧密，但石燥，油泡以后与寿山溪产的白田石极易相混，应注意区分。

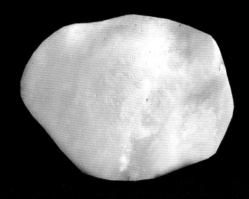

红田石

红田石有两种：其一系天然生成的红色田石，其质细嫩凝腻，微透明，肌理隐含细萝卜纹，属稀有石种；其二因山田被焚或农夫积肥烧草，使蕴藏于其中之田石受高温破坏，表层逐渐变红，肌理仍保留原色，石农称之为"煨红田石"，此石因受热后干燥易裂，少有珍品。

天然生成的带黄皮的红田石

天然生成的红田石

天然生成的红田石

橘皮红田石

橘皮红田石是橙红色的田石，属田石中之稀有品种。其色红中略带橙黄，如熟透的橘子皮或烂柿，鲜艳通明。

花田石

田中掘到的红、黄、青等杂色田石，既有皮，又有萝卜纹，但不够温润，通灵度也差，石质结构密度也参差不齐。从母矿中游离出来时就不属上好石头，故演变为花田石，不属上品。

灰田石

灰田石色灰黑微泛黄意，犹如墨水抹涂秋梨之上。此系田黄久埋田中受泥土炭质侵蚀所致。质微透明，肌理萝卜纹清晰，然有黑点掺杂其间。其外裹皮者多牙黄色或黑色，灰田石质纯净者少。

黑田石

田石中纯黑色或黑中带赭者称为黑田石，又称"墨田"。质细润富有光泽，肌理多呈水流状萝卜纹，色泽黑中略带黄味。常裹有黄色石皮，但石质欠通灵，近似水坑牛角冻石。此石产于下坂及铁头岭一带。

乌鸦皮田石

专指表层含稀薄微透明黑色石皮的田石，因类似乌鸦背颈之羽毛，明亮富有光泽，故名。黑皮面积有大有小，尽裹全石的不多见，皮之厚度甚均匀，容易受刀，其皮有不透明与微透明两种，可刻上各种景物，常做薄意雕。石色上品者内裹橘红色。

刀感：嫩中带脆。

黑皮红心的乌鸦皮田石

黑皮黄心的乌鸦皮田石

蛤蟆皮田石

蛤蟆皮田石乃渗有灰、黄诸色，或黄黑相间的两层石皮的田黄石，如石皮细腻、色均匀、无砂斑，则内部石质纯粹、温润，肌理有萝卜纹。其纹理或呈流纹或成条状，浓淡变化聚散有致，与田石自身色彩形成强烈对比。

硬田石

硬田石又称粗田石。凡田石中含砂团、多裂痕、色暗、质硬、温润不足、不通灵者皆列为硬田石，属田石中之下品。田溪所经之处均有产，坊间也称"杂田石"。但是这种粗质田石，不一定就是田黄石，需外有石皮，内含萝卜纹者，方可称为硬田石。

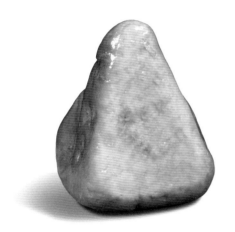

厚皮硬田石

橘黄地的硬田石

带黄皮、黑皮，枇杷黄地的硬田石

溪管独石

溪管独石产于寿山村中坂溪管屋附近之溪流中，又名溪管田石。此处溪流湍急，石蕴其中，终年受溪水冲刷浸润，倍加莹澈通灵。石色有微黄、浓黄、黑黝黄数种，其中质地坚硬不透明或色暗者属下品。

色泽多外浓内淡，但石头灵性俱佳，多红筋，刀刻之有清脆哗哗之声。

质地通灵细腻的溪管独石

月洋溪蛋田石

溪蛋石出产于月洋溪，系前人在加良山开采芙蓉石的遗石，经暴雨、山洪冲荡流入溪中，并经溪水长期冲击，形椭圆如卵，外黄内白，与田石相似者，称为溪蛋田石。质温腻，呈微透明状，有皮，偶有红筋隐于石中，但无萝卜纹。

质地温润、无石皮的月洋溪蛋石

这种砂质是月洋溪蛋田石区别于田石的独有特征。

石皮较厚的月洋溪蛋石

碓下板田石

寿山溪下游碓下田里所产的田石称为碓下田石或碓下坂田石。质硬，脂润不足，纹粗，色多暗黄，属田石之下品。易与连江黄石相混，但碓下田石的裂格纹较少，与连江黄石不同。

牛蛋石

牛蛋石又名"鹅蛋黄石"，是散藏于寿山溪底及沿岸田地中的一种块状独石，因形如卵蛋而得名，光滑无明显棱角。曾出产于旗山下，近年多在寿山村田黄溪的砂土、田地中偶尔挖得，石质比旗山出的牛蛋石纯净，且石皮也十分温润。色多藤黄，石质微润不通灵，常裹粉黄色或黑、白色石皮,有黑皮黄心、白皮黄心、黄皮黄心、黄皮红心等多种。牛蛋石中佳者，微透明，近似硬田石，但它多隐粉末状细色点。

以黄皮红心的牛蛋石切成的印章

黄、黑双色皮牛蛋石

质细腻的银裹金牛蛋石

质地较粗的乌鸦皮牛蛋石

质地细腻的乌鸦皮牛蛋石

第二部分：水坑类

　　寿山村东南面有一座山峰名坑头占，是寿山溪的发源地，沿溪流有坑头洞和水晶洞两个主要矿洞。

　　水坑石，也像田石一样属于高山系，因深藏于终年积水之坑洞中，故名。寿山石"宋时故有坑"，而水坑石据传开采于明时，距今也有近八百年的开采史。

　　由于水气浸润，故石质晶莹无比，凝腻而富有光泽，通透如玻璃、水晶。古诗赞曰："结作冰片能坚牢"。由于坑头、水晶两洞所处位置山势险恶，洞深莫测（其中水晶洞宽约二公尺，深达一百四十余公尺，深入溪中，又名"溪中洞"），且终年积水。要进行开采，非先抽取积水不可，采石之艰难可想而知。加之矿层稀薄，往往整年开采所得甚微，因此，清时洞废，早已断产。20世纪以来，石农曾多次试图重新开采，绕古洞左右开辟新洞，开采最盛者可数20世纪30年代、70年代和80年代三次，均耗巨资和大量人力，虽有所收获，但终因得石甚少，弃洞而去。虽近年有少量"新性坑头石"面世，但非旧洞所产，石质不及旧石。

　　水坑石属地开石，硬度在摩氏2.8度左右。石质微坚，有黄、白、灰、蓝等色。水坑石的品种根据每块石材的质地和色彩特征命名，主要有：水晶冻石、黄冻石、天蓝冻石、鱼脑冻石、牛角冻石、鳝鱼冻石、环冻石、坑头冻石及掘性坑头石等。

灯火通明的水晶洞

寿山溪的发源地

　　应当特别提到的是，水坑冻石中各种石种名称在高山系的山坑冻石中也有同名者。诸如在高山的山坑石品种中也有"天蓝冻石"、"牛角冻石"、"鱼脑冻石"等。它们不但同名而且貌也相似，但只要认真鉴别，就可以看出在石质与石性上有着明显的差异。水坑冻石产于千年水洞之中，长期受水洞中氤氲水气的浸润，石质特别凝腻、晶莹、剔透。古人说它通透能达到"隔石观物"、"若玻璃无障碍" 和"结作冰片能坚牢"，也就是说水坑洞中的冻石，质地非常细腻、坚实，其透明程度如冰片、似玻璃，而高山系山坑洞中所产的冻石与之相比质地较松软、粉状多（即粉白色不透明的成分），故其透明度与水坑冻石差距甚远。因此，为了规范名称避免两种冻石相混淆，在高山冻石的名称前面应加上"高山"二字，以示区别。

潺潺细流寿山溪

水晶冻石

水晶冻石，主要产于坑头占山的水晶洞，是水坑石的上品。其透明灵澈处可以"隔石观物"，高兆《观石录》赞其"若玻璃无有障碍"。有白、黄、红诸色，分别称为白水晶冻、黄水晶冻、红水晶冻。其中白水晶冻较多见，其余罕见。

刀感：行刀嘻嘻小声，石屑翻卷，且屑细，如刻蜡状。质嫩细腻，略逊田石。

■ 白水晶冻

白水晶冻又名晶玉，白色透明，肌理有棉花纹，偶有小粒点夹杂其间，俗称"虱姆卵"。质地细嫩微坚。高兆的《观石录》和毛奇龄的《后观石录》均这样称道它："晶莹玉色，胜莫愁湖中新藕"、"殷于菜玉而白于蕨粉然"。水晶冻石中以纯白或白中带黄的居多。

■ 黄水晶冻

黄水晶冻，亦称黄冻石。其石质凝腻、纯净无瑕，色如枇杷，间有红筋。书画家陈子奋曰："俨如宜都枇杷，令人欲动食指"。黄冻石，石材小，产量少，为世间罕见之物。

刀感：有角质纹，坚硬，下刀有哗哗之者，屑粉多粗糙。

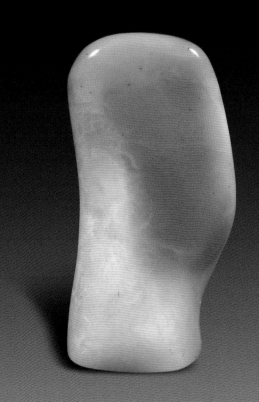

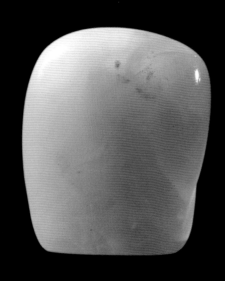

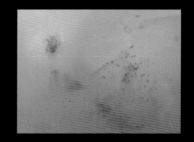

黄冻石中淡淡的红筋

■ 红水晶冻

纯红色的水晶冻石。色
浓艳犹如红烛，通透无瑕，
纯者十分难得。

环冻石

　　环冻石是肌理隐现水泡状小圆圈、纹理奇特的水坑冻石。常见于水晶冻、牛角冻矿块中，有单环、双环乃至多环相连布满石面的，以环纹清晰、疏密得当为上品。有环状纹理的水晶冻、牛角冻的价值多在无环的之上。标识时可在原冻石名之后加环冻二字，以显示其特色，如水晶环冻石、牛角环冻石等。

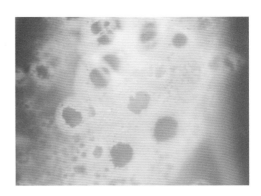

单环

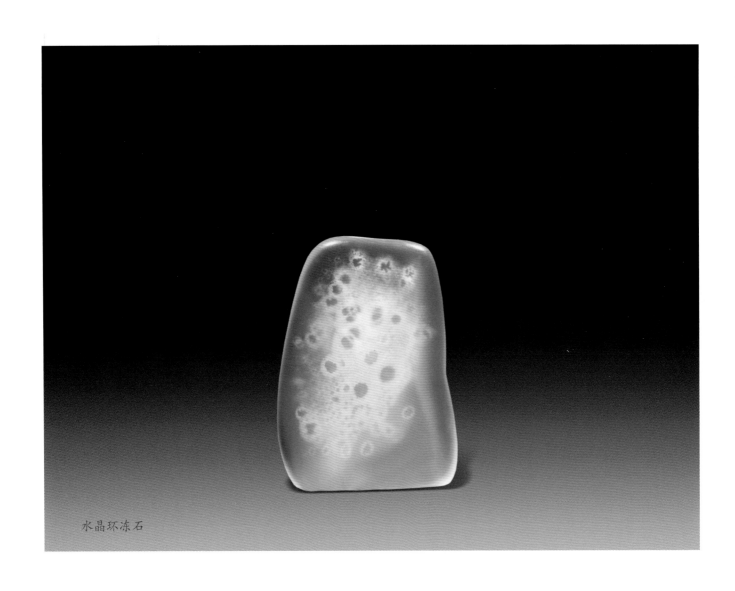

水晶环冻石

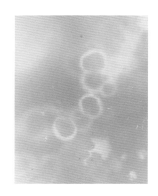

多环

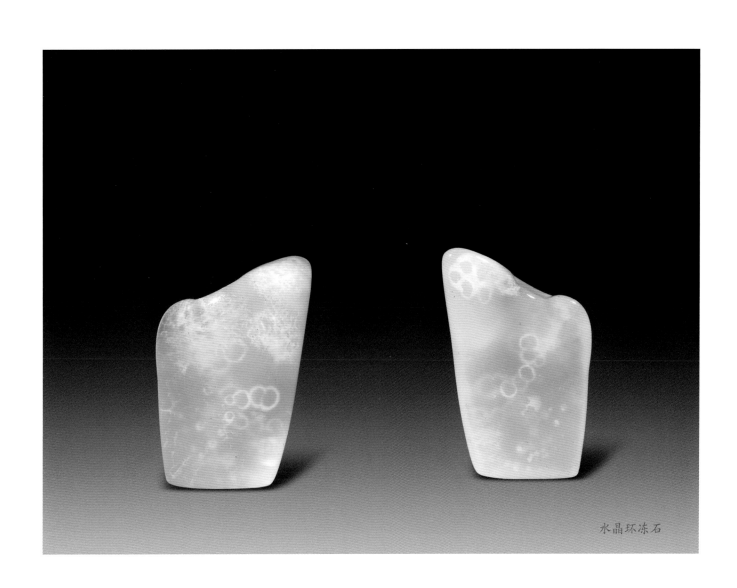

水晶环冻石

鱼脑冻石

鱼脑冻石是水坑冻石中之精华，为白水晶之特有品种，色白明净，性通灵，肌体半透明，含纤细纹理，状如煮熟的鱼脑，故名。中有薄片棉花，质极嫩，光彩灿然。

鳝草冻石

鳝草冻石又名仙草冻石。质透明，色蟹青中略带微黄，肌理含细点，似鳝鱼之背脊。或色灰白，内现条条粗纹，似水草卧于水底，少者寥寥数片，多则萋萋满石，十分名贵。

色蟹青中略带微黄、
肌理含细点的鳝草冻石

肌理中之细点

底清质纯、纹路均匀、
质地上佳的鳝草冻石

色蓝灰白、内现条条
粗纹的鳝草冻石

鱼鳞冻石

鱼鳞冻石多为白色，质
地透明灵洁，肌理隐存密集
如鱼鳞状的圈点，排列交错
有致。

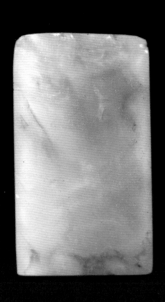

天蓝冻石色泽灰蓝，质地明净，肌理有黑点和棉花纹，如倒影湖波，以色淡地清为佳品。毛奇龄《后观石录》称其为蔚蓝天、青天散彩，赞叹它是"初露蔚蓝三分许，渐如晚霞蒸郁¨、¨而垂似黄云接日之气，真异观也"。

刀感：石间有似铜屑，闪烁有光，下刀辄为之阻，纯净者堪称妙品。

棉花状细纹

黑点

含金砂的天蓝冻石

坑头各洞所产冻石，无从归类者，统称为坑头冻石。其石质颇坚，色有白、黄、灰黑，及多色相间。

其中色带蓝意者，名坑头青；通灵而有光泽者，名坑头冻；晶莹而无尘渣者，名坑头晶。

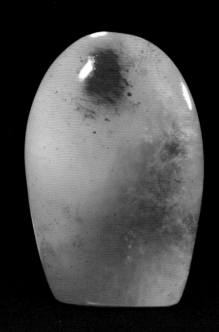

肌理隐棉花絮纹及白色浑点的坑头冻石

质地凝腻、性通灵的坑头冻石

坑头各洞所产冻石，无从归类者，统称为坑头冻石。其石质颇坚，色有白、黄、灰黑，及多色相间。

容易与鸡母窝高山石混淆的坑头冻石。它们的区别主要在于石头的通灵度，即俗称的"水头"。坑头冻石的水头比鸡母窝高山石的好，更为通灵。

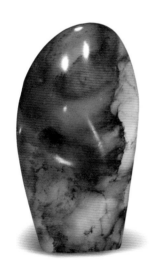

色彩斑斓的坑头冻石

带金砂的坑头冻石

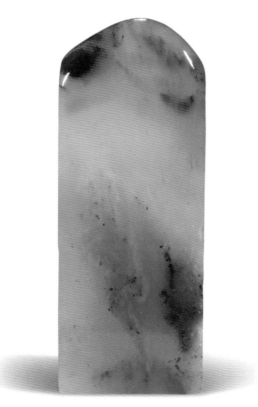

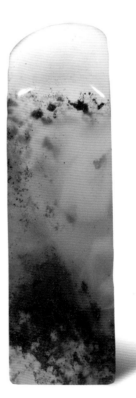

半透明，黄、赤、白、黑、
青五色俱备的坑头冻石

微透明、以黑白两色为主、
含黑色砂质的典型的坑头冻石

含牛角冻地的坑头晶石

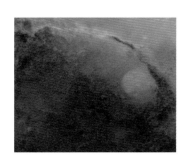

牛角冻地坑头晶石中的黑色部分是石头中"肉"的部分，其质较软，可以凑刀。

坑头石中的砂质，质地很坚硬，无法凑刀，是石头中的杂质部分。这种砂质是坑头石的典型特征之一。

含杂质的坑头晶石

■ 坑头牛角冻石

　　牛角冻石产于坑头洞，色如牛角，质颇通灵。肌理常隐有水流状纹，花纹浓淡交织，黑中带赭，温雅而富有光泽，浓者如同水牛角，淡者似犀牛角。藏家以质地之粗细分定品级。陈子奋的《寿山印石小志》中认为："（牛角冻）中隐萝卜纹，向空视之，现暗黄色，此其佳品。不甚透明而多砂点裂痕者，次之。"

　　刀感：有角质条纹，刀推行之很滑润。

坑头牛角冻中的佳品——色浓如水牛角，隐现萝卜纹，向空视之，现暗黄色。

色浓似水牛角、质地细腻
的上品坑头牛角冻石

色淡似犀牛角、未熟透的坑头牛角
冻石，不甚透明，质地稍次。

质地晶莹、结晶度较高的坑头冻石。

石中的图案似一幅山水画，奇丽壮观。

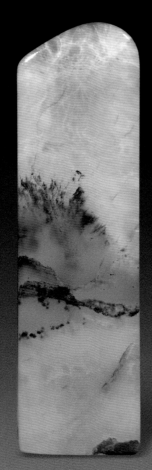

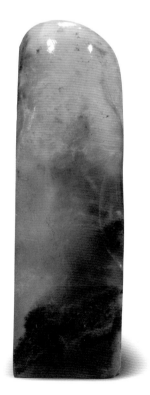

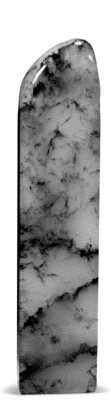

结晶度比上页图次之的坑头冻石

结晶度更次些的玛瑙地坑头冻石

■ 坑头桃花冻石

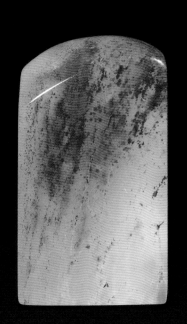

■ 坑头桃花冻石

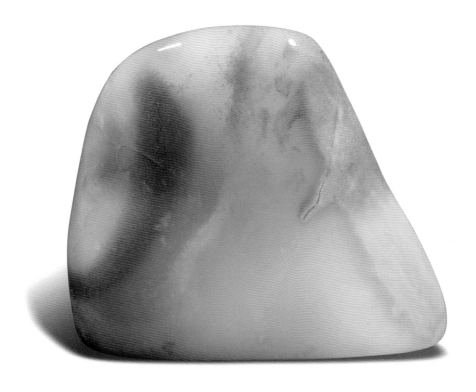

　　水坑各洞出产矿石中除已命名的各种晶、冻以外的统称为坑头石。石质颇坚，色有白、黄、灰、黑及多色相间。微透明或半透明者内隐有粗萝卜纹，不透明者与掘性高山石十分相似。

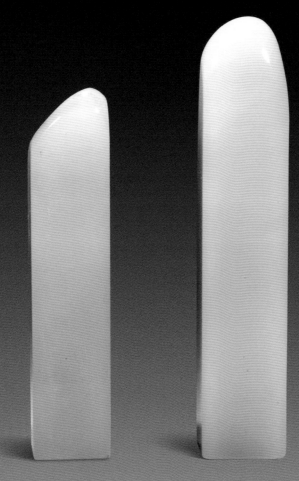

黄白坑头石

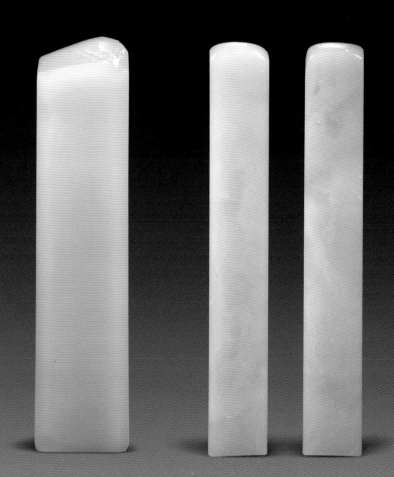

白坑头石

■ **巧色坑头石**

两色或多色相间的坑头石。色中浓而外渐淡，偶有灰白色块混杂其间。

较少见的带黄色石皮的坑头石

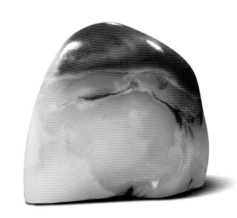

三色、质地坚硬的坑头石

质地偏软、微透的坑头石

带玛瑙性、通透性强的坑头石

■ 坑头朱砂石

坑头石中带朱砂的统称为坑头朱砂石。
其朱砂有粗有细，有浓有淡。

■ 掘性坑头石

掘性坑头石是产自坑头山坡砂土中的块状独石。色多黑赭或棕黄，外裹色皮，肌理含纤细纹理如萝卜丝，偶有红筋与田石相似，故又称"坑头田石"，以示珍贵。与田石相比，通灵有余，温润不足。虽也有萝卜纹和红筋，但格纹比田石密得多，且肌理时起白晕，为田石所无。

粉白色浑点，这是掘性坑头石与田石的不同之处。

偶有红筋、与田石相似的掘性坑头石

正面

背面

掘性坑头石

杂质较多、质不通透的
坑头石。

砂质包裹着冻地的坑头石

杂色多、但无砂块的坑头石

冻油石产于坑头洞，微透明，似冬冻的油脂。色略带牙黄，石多裂痕，且裂痕中多隐黑点。其质纯者，颇似白芙蓉石。

典型的冻油白色

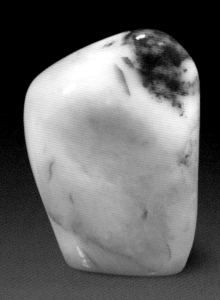

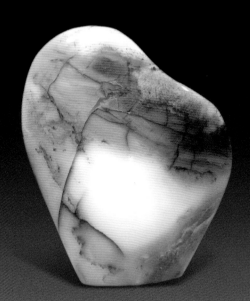

带桃花、多裂痕的冻油石

冻油石产于坑头洞，微透明，似冬冻的油脂。色略带牙黄，石多裂痕，且裂痕中多隐

第三部分：山坑类

　　山坑石产自寿山及日溪、宦溪一带山峦的岩层中，分为寿山和峨嵋两大产区。已开发的矿脉有：高山、都成坑、月尾山、虎岗山、吊笕山、金狮公山、吊笕山、柳坪尖、旗降山、老岭、旗山、黄巢山、山仔濑、加良山等14处。此外还有汶洋石、尚县石、东坪石等近二三十年开发的新品种。

　　山坑石矿质因矿脉、产地和坑洞的不同而各具特色。即使是同一矿洞开采的矿石，其质地、色泽以及纹理也不尽相同、变幻无穷，所以山坑石的品类特别丰富。它的命名主要以产地为依据，辅以矿洞名、色彩、质地和矿状等，累计有百种之多。

高山远眺

高山矿脉

　　高山矿脉位于寿山村南偏西约2公里的高山及周围山冈。与旗山、九柴蘭山并称"寿山三大主峰"。

　　高山石的主要矿物成分是地开石，其次是石英、高岭石等。质地细腻，微透明或半透明。色彩瑰丽富有变化，是雕刻艺术品的理想材料。

　　高山矿脉开发已久，早在宋代已被用作雕刻工艺品，明清以来开采日盛，是寿山石最主要的产区之一。

作者吴美英带学生考察高山矿洞

高山石

高山石产于寿山村外洋的高山峰，以产地命名，是寿山石中产量最丰，品目最多，最富代表性的石种。其石质细而微松，晶莹通灵，硬度适中，柔而易攻。

高山石艳丽多彩，黄、红、白、紫、黑、灰、赭各色俱备。而每色之中又有浓淡深浅之分，且纹理富于变化。

■ 红高山石

指纯红色的高山石，是高山石的主要品种之一。红色有深有浅、有浓有淡，一般按色调、纹理的近似物象取名，如美人红、朱砂红、荔枝红、晚霞红、瓜瓤红、桃花红、玛瑙红等等。

朱砂红高山石，又名高山鸽眼砂石。产于高山各洞中，质地微脆，稍坚，通体呈半透明状。在朱红的肌体内又含有无数色泽略异之红点，或浓密，或疏淡，偶含金砂点。《后观石录》赞曰："通体荔红色，而谛视其中，如白水滤丹砂，水砂分明，粼粼可爱。"

此石系质地细腻均匀的朱砂高山石。上半部分呈朱红色，质地较细密凝结，下半部分呈粉红色，质地略松，上下层次如此分明，十分罕见。

质地细腻的朱砂高山石　　质地较细的朱砂高山石　　质地较粗的朱砂高山石

朱砂较浓的美人红高山石

带藕粉地、朱砂较细密
的朱砂高山石

带藕粉地、朱砂较粗大
的玛瑙红高山石

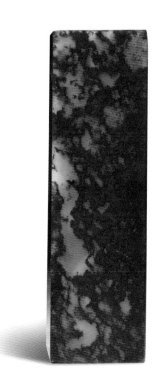

朱砂质地均匀的荔
枝红高山石

朱砂较稀且带棉纱质的
玻璃地晚霞红高山石

掘性朱砂高山原石

带金砂的朱砂高山石

带结晶的朱砂高山石

■ 黄高山石

指纯黄色的高山石。黄高山石通体黄色者少，白里泛黄者多，是高山石中的名贵品种。黄色有深有浅、有浓有淡，按色调深浅可分为橘皮黄、枇杷黄、桂花黄、蜜蜡黄、杏黄、土黄、棕黄、赭黄等等。佳者可与田黄、都成坑比肩。

黄高山石

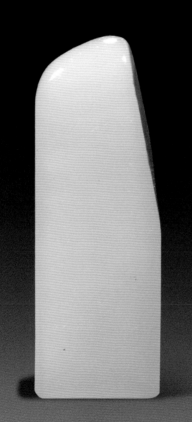

质地纯净的淡黄高山石

质地细腻的桂花黄高山石

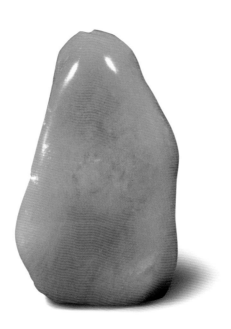

掘性枇杷黄高山石

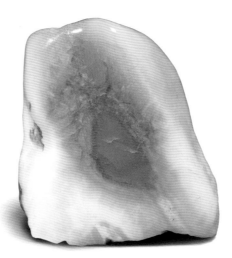

黄白相间的粗高山石。

高山石的黄色一般夹生于红白色石层中，所以独块纯黄的高山石十分难觅。

■ 白高山石

指纯白色的高山石，是高山石中产量最多者。按色相与质地的特征可分为晶玉白、白玉白、油脂白、象牙白、豆青白、鸡骨白、萝卜白和高山砐等等。所谓"高山砐"者，即粉白色不透明如粗质之陶瓷的意思（福州方言将陶瓷称作"砐"）。

萝卜白高山石

高山砐

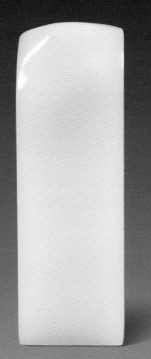

油脂白高山石

山坑类

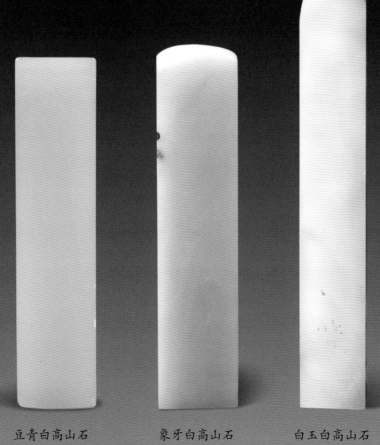

豆青白高山石　　　　　象牙白高山石　　　　　白玉白高山石

品质较好的鸡骨白高山石，
其中的纹是水纹而非裂纹。

奶油白高山石

红筋较多、品质稍
逊的鸡骨白高山石

品质较好的鸡骨白高山石，
其中的纹是水纹而非裂纹。

■ **巧色高山石**

指两种以上颜色混杂交错形成各种纹理的高山石。以色泽丰富、色界分明者为佳，是雕刻陈列艺术品的上乘材料。

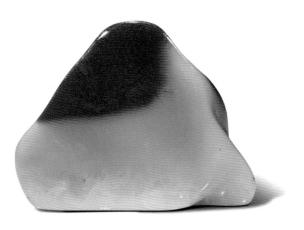

此石红白黄三色相间，如彩霞生辉

较粗的丝纹

细腻的丝纹，隐约可见

质地较洁净晶莹的巧色高山石

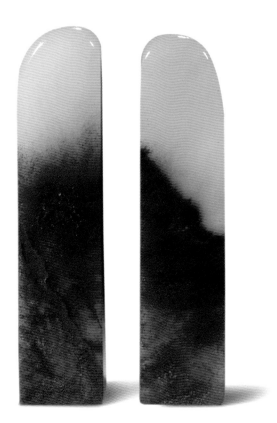

质地较洁净晶莹的巧色高山石

质地较浑浊、含较多杂质的巧色高山石

巧色丰富、石质细腻
的高山石，实属难得。

晶莹剔透的优质朱砂高山石

中等质地的巧色高山石

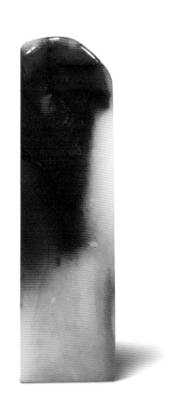

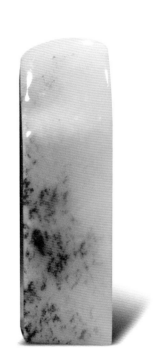

有明显红筋的高山石。
这种红筋在高山石中很常见。

质地一般的朱砂高山石

质地一般的巧色高山石

带紫色朱砂的巧色高山石

带砂质的巧色高山石

指质地晶莹、纯洁无瑕、透明度极高的高山石。通常为白色结晶体，肌理偶见金属细砂点，佳者似冰糖。

带冰糖地质地的高山晶石

结晶性强、透明度高的高山晶石

结晶性较强、微透明的高山晶石

■ 高山冻石

指质地凝腻通明的高山石，其透明度稍逊于高山晶石。肌理多含棉花细纹，按不同色相定名，如黄高山冻、红高山冻等。也有因形象近似而用水坑各种冻石名称命名，如水晶冻、鱼脑冻、鳝草冻、牛角冻、天蓝冻、桃花冻、玛瑙冻、环冻等。这些石种在标识时，为与水坑冻石区别，应在名称前面加上"高山"二字，如高山水晶冻、高山玛瑙冻等。高山冻石与水坑冻石相比，水坑石的结晶度高于高山冻石，"水头"更足，更加晶莹剔透。

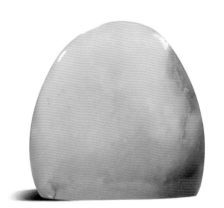

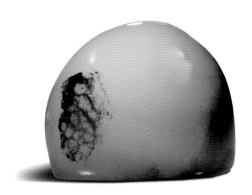

高山玛瑙冻石

高山牛角冻石质不坚，易凑刀。

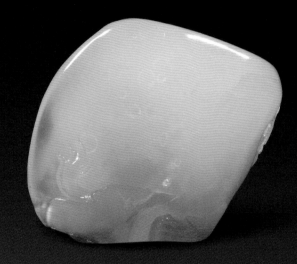

高山环冻石

高山鱼脑冻石

■ 粗高山石

质地粗糙但色彩鲜艳的高山石

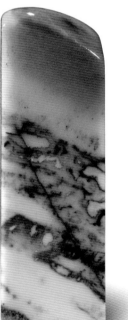

水洞高山石

　　水洞高山石是以矿洞命名的高山石名品。其矿洞位于世元洞下方，因有地下水渗入洞底，故称"水洞"。水洞高山石质地通灵，肌理隐有萝卜纹，以出产各种冻石而著称。色有白、黄、红各色，近似水坑晶冻。

各种颜色的水洞高山石

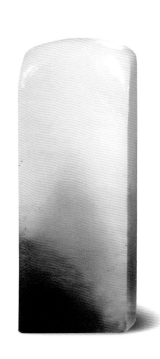

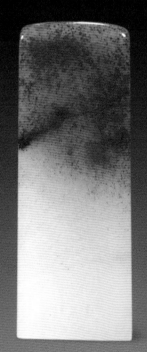

朱砂细腻的水洞高山石

带玛瑙质地的水洞高山石

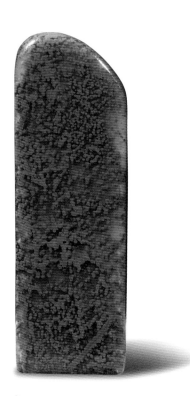

带玻璃地朱砂的水洞高山石

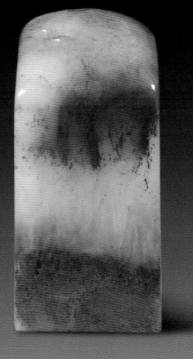

品质一般的水洞高山石

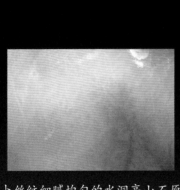

萝卜丝纹细腻均匀的水洞高山石原石

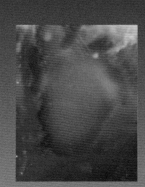

蛋清状质地

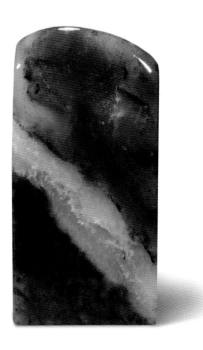

品质一般的水洞高山石

■ 夹线水洞高山石

　　紧贴于坚硬团岩的薄层水洞高山石被称作"夹线水洞高山石"。其丝较粗，近似鲎箕石。

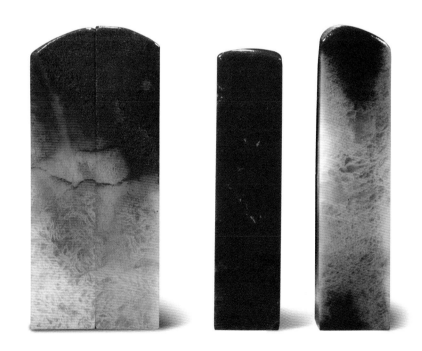

夹线水洞高山石

指荔枝洞出产的高山石。该矿洞位于高山东北坡，因为凿洞时旁有一棵荔枝树，且石质白者酷似新鲜荔枝肉，故得名。

荔枝洞所出高山石质特佳，晶莹细润，质坚细，肌理隐现萝卜细纹，有白、黄、红各色，近似旧产之太极冻。该洞出产的矿石凡纯洁通灵者亦称"荔枝冻"，十分名贵，现已绝产。

刀感：石屑卷起，刀感如田石，不作响。

黄白荔枝冻石

萝卜丝明显的黄荔枝冻石

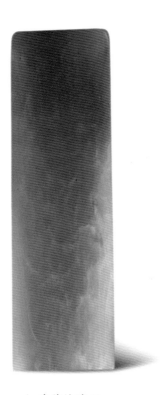

红黄荔枝冻石　　　　　黄荔枝冻石

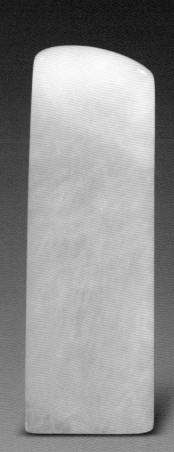

黄荔枝冻石   浅黄荔枝冻石

萝卜纹清晰的白荔枝冻石　　　　　　萝卜纹隐约的白荔枝冻石

带黑针的白荔枝冻石

带少量萝卜纹的白荔枝冻石

带棉絮的白荔枝冻石

■巧色荔枝冻石

品质上佳的三色荔枝冻石

正面　　　　　　　　　　　　背面

品质上佳的三色荔枝冻石

质如蛋清的蛋清黄结晶荔枝冻石

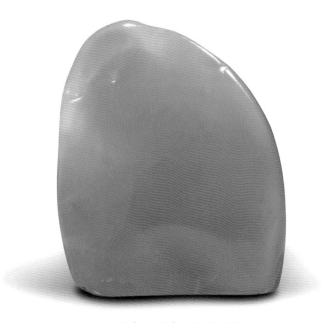

萝卜丝不明显的荔枝石章

色彩艳丽、透灵性强的荔枝石　　　　　萝卜丝明显的荔枝石章

荔枝洞矿脉表层的原石

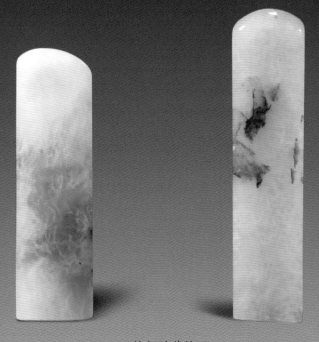

较粗的荔枝石

荔枝环冻石

荔枝鱼脑冻石

荔枝鱼脑冻石

玛瑙洞高山石

　　是以矿洞命名的高山石品种。其矿洞在高山顶峰的大洞下方，水洞右侧，明代寺僧首凿此洞，因所产石质纹理似玛瑙，故名。其石质凝结通灵，色泽艳丽，富有光泽。色多红、黄、白或多色交融。石中常环绕红、黄、黑、白诸色条纹和圈点。近年高山各洞不时所采的色如玛瑙之石，人们也将其归入玛瑙洞高山石。

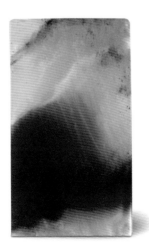

红黄玛瑙冻高山石

红玛瑙冻高山石

色块较凝结的花玛瑙高山石　　　　　　色块较疏朗的花玛瑙高山石

玻璃地黑白红三色玛瑙冻高山石

牛角地花玛瑙高山石

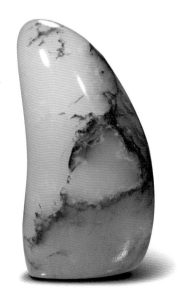

藕粉地黑白玛瑙冻高山石

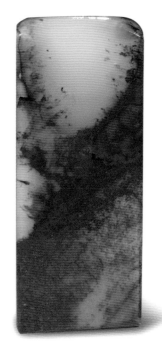

结晶性玛瑙冻高山石

五彩玛瑙高山石

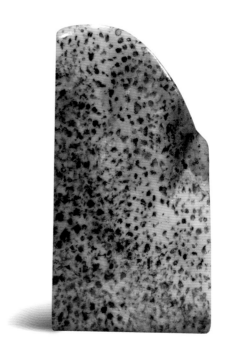

红地花玛瑙高山石

芝麻地玛瑙高山石

千层纹花玛瑙高山石

金砂质玛瑙高山石

五彩玛瑙高山石

太极头高山石

矿洞位于高山峰北，因地形似太极，故名。该洞开采于 20 世纪 30 年代，洞小，产量甚微，不久采场洞废，旧产之石称为"老性太极"，其石质晶莹、坚洁，白、黄、红或诸色相间，其通灵可与水坑冻石媲美，十分珍贵，曾被认为高山石之冠。黄色佳者既有紧密之细萝卜纹，又有黄皮，颇似田黄石。

近年太极矿洞周边陆续恢复开采，但石质略逊于旧产，多有裂纹，称为"新性太极"。

太极石中质地凝腻者，称为"太极冻"。太极冻石质稍坚，透明度高，色洁而艳丽。

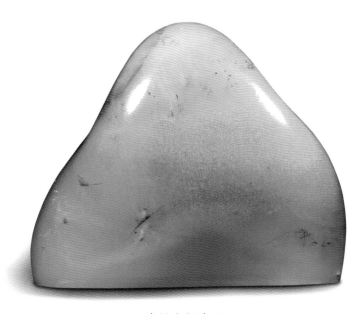

老性太极冻石

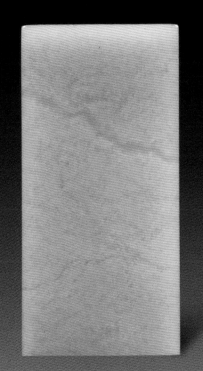

萝卜纹明显、质地凝结的白老
性太极冻石，此类太极石性质稳定。

质地较松的太极石。此类太
极石上油后色彩会逐渐变暗。

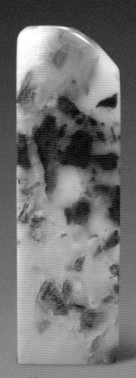

蜡黄老性太极冻石　　　　　　　较少见的花老性太极石

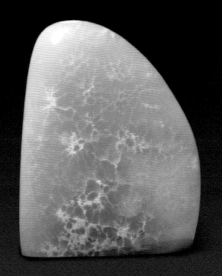

藕粉地老性太极冻石

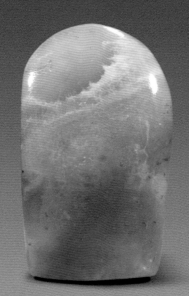

藕粉地老性太极冻石

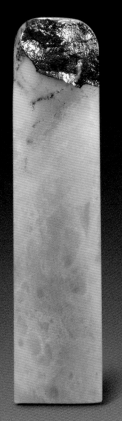

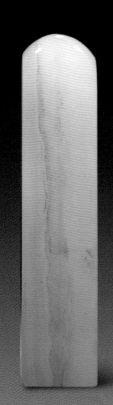

新性太极冻石。顶部带有像铁皮似的石皮。

含夹线砂质的新性太极冻石

鸡母窝高山石

矿洞位于高山北麓，太极洞的正下方，因其地形似鸡母窝而得名。1990年8月开始出石，现有三个洞都尚在挖掘中。石质近太极头高山石，晶莹通明，性微坚，肌理含有纤细针芒状细纹和褐色细点，色彩丰富，各色相间。黑色佳者纯洁通灵，与坑头牛角冻石十分相似，惜产量不多。

品质上佳的鸡母窝石，质晶莹通灵，近似荔枝冻石。

带石皮的鸡母窝石

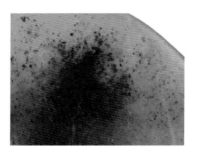

褐色细点，这是鸡母窝石常见的特征之一。

因鸡母窝石色较杂，多色相间，所以较难锯成印章，色纯者更为难得。

黄鸡母窝石

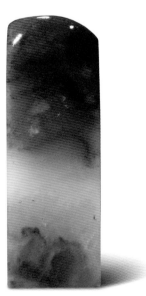
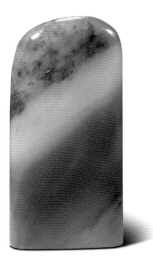

因鸡母窝石色较杂，多色相间，所以较难锯
成印章，色纯者更为难得。

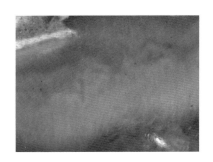

纤细针芒状细纹，是鸡母窝石的重要特征。

带粗纹的鸡母窝石

近几年出产的新性鸡母窝石

牛角地鸡母窝石的白色部分不如水坑牛角冻石
通灵，这是它区别于水坑牛角冻石之处。

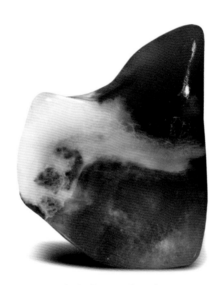

牛角冻地的鸡母窝石

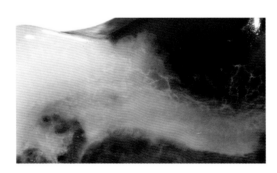

牛角地鸡母窝石的白色部分不如水坑牛角冻石
通灵，这是它区别于水坑牛角冻石之处。

带鱼鳞纹的牛角地鸡母窝石

　　鸡母窝石的鱼鳞纹有砂丁，底较混；坑头石的鱼鳞纹更加纯净，底清。二者有明显区别。

坑头石的鱼鳞纹

鸡母窝石的鱼鳞纹

四股四高山石

矿洞接近嫩嫩洞，由四户石农合股开采而得名。四股四高山石石质坚实，微透明或半透明，色彩丰富，红、黄、灰、白等色常相杂其间。其质、色、纹与都成坑石相似，不易辨认。

巧色四股四高山石

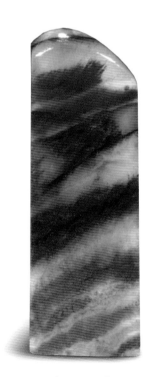

红黄四股四高山石

正面　　　　　　　　　　　　侧面

侧面夹结晶线的白四股四高山石，质特通灵。

巧色四股四高山石

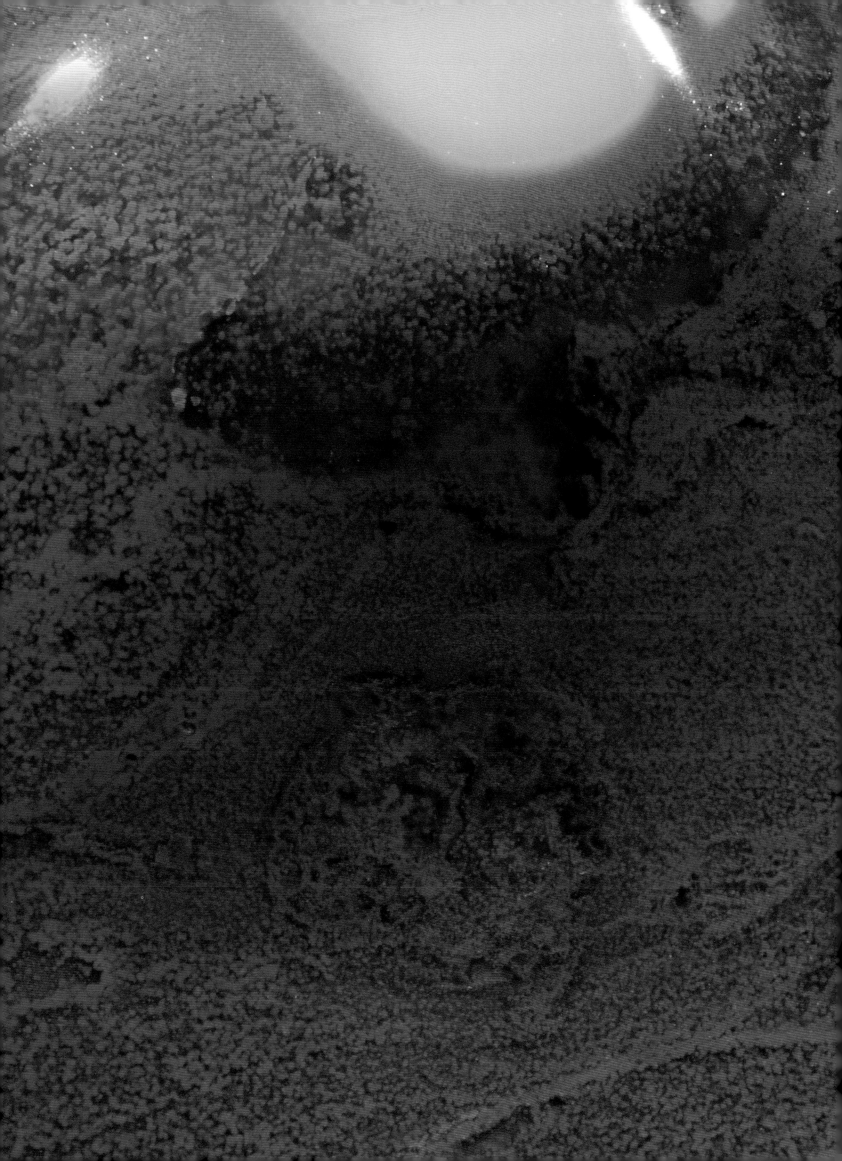

红黄白四股四高山石

红黄白四股四高山石

嫩嫩洞高山石

此洞以凿洞人之名嫩嫩而命名。民国二年 (1913 年) 曾出产一批珍品，故又名"民国二高山"。所产之石凝洁通灵、白中泛黄，可与水坑中的水晶冻石媲美，肌理隐现萝卜纹。佳者胜过近年出产之荔枝萃石，惜早已绝产。

大洞高山石

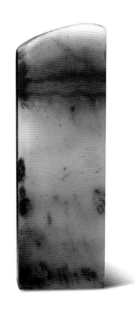

大洞高山石又名古洞高山石。大洞位于和尚洞尾部，为明代寺僧所凿，其后沿着石脉越凿越大，故名"大洞"。该洞产石质地硬、性坚，有红、白、黄等色，但以杂色为多，质优者寡。

和尚洞高山石

和尚洞高山石产于高山顶上的和尚洞。相传此洞为一个名叫和尚的石农所开，又传系由寿山古禅寺的明代僧侣开凿。洞极古老，石也绝产多年。今日所见的和尚洞高山石，石性细腻，微透明，色多红中带灰或土红。

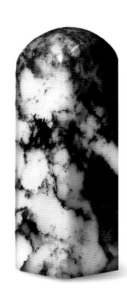

虾背青高山石

虾背青石又名黑高山石，色灰黑如淡墨，质微透明，隐细密纹理，似青虾之背。《后观后录》赞其"通体如虾背，而空明映澈，时有浓淡如米家山水。旧品所称'春雨初足，水田明减，有小米积墨点苍'之形是也"。

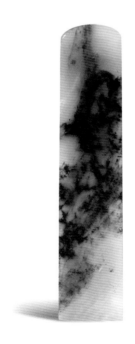

新洞高山石

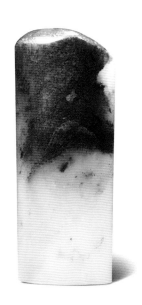

新洞位于高山峰顶和尚洞下垂直开凿，另有一洞从山腰纵向深入，是20世纪70年代到80年代高山石雕原料的主要来源。新洞高山石石质有坚有松，材巨者多砂格、裂痕，色泽丰富，多红、黄、白、黑、紫等各色相间，是巧色雕刻的较佳材料。

新洞高山石砂点较多

鲨箕石

鲨箕石产于寿山村高山峰西面的芹石村鲨箕的狭谷和坡地中。母矿是高山玛瑙洞石，二次游离到此，属于冲积型砂矿独石，实为掘性高山石之新品种。其石质粗细悬殊，佳者质地细嫩，纹理细密，表层色皮明显，极似田石，故又俗称"鲨箕田"。

鲨箕花坑石经水田中含氧、铁水分的经年滋养，其红色大都是十分滋润的酱红色。

■ 红鲨箕石

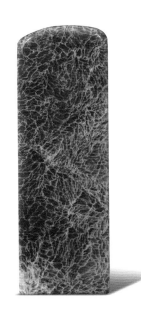

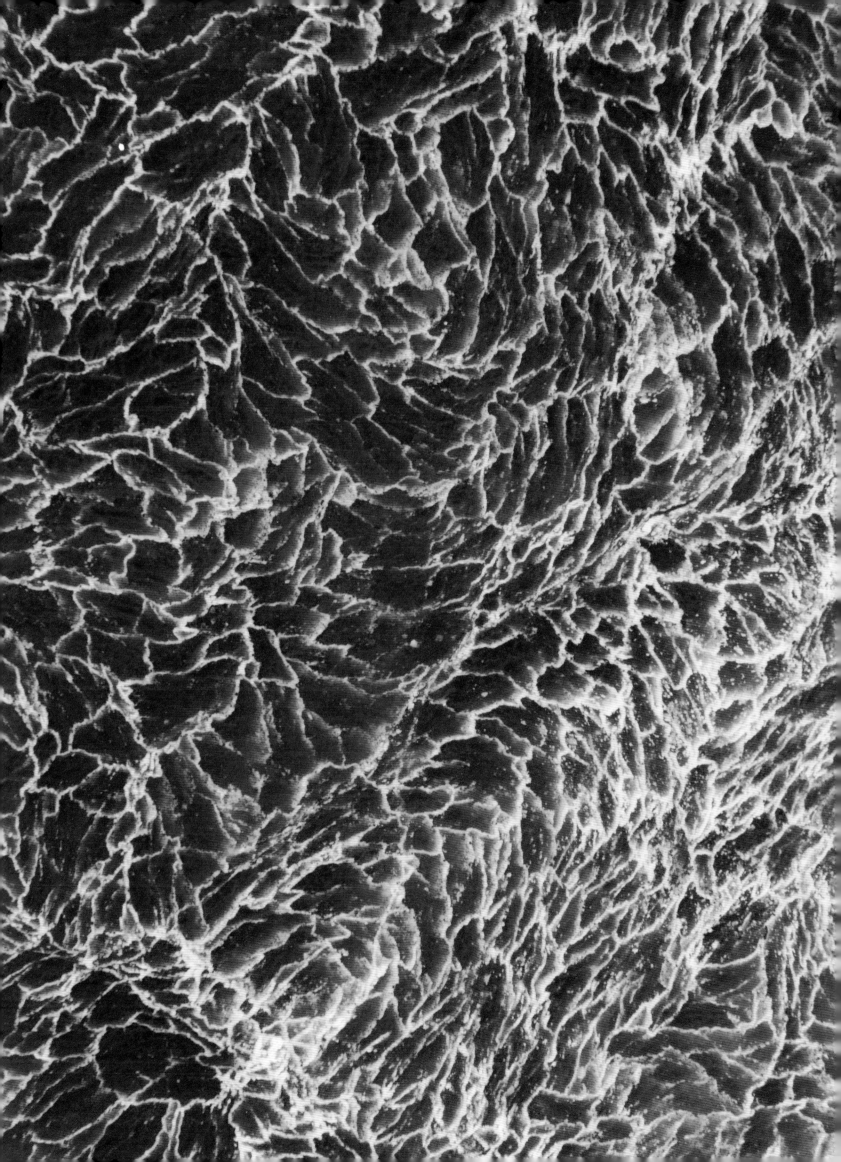

带朱砂的鲎箕石　　　　　　　　红鲎箕石

■ 黄礁箕石

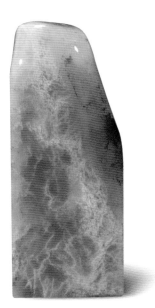

不带砂质的黄礁箕石

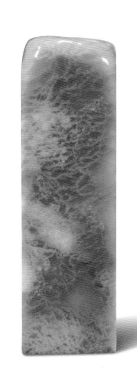

带砂质的黄礁箕石

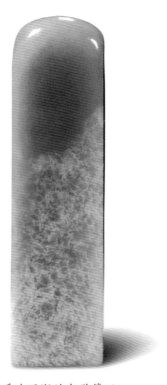

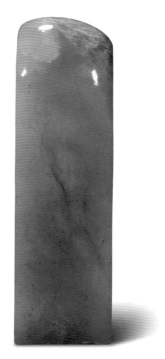

质地温润的灰鲎箕石　　　　　　质地润、但色杂的灰鲎箕石

萝卜筋粗的白鲎箕石

带紫色的白鲎箕石，较罕见。

萝卜筋细的白鲎箕石

白鲎箕石

■ 巧色鲎箕石

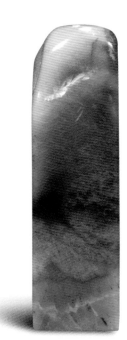

色彩丰富、带有明显五
彩的巧色鲎箕石，较难得。

色彩艳丽、凝结
度略低的巧色鲎箕石

鲎箕花坑石　　　　　　　　纹理像珊瑚的鲎箕石

质地细腻的掘性鲎箕石

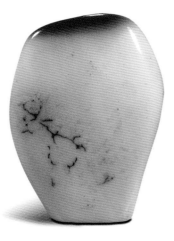

欠灵性但花纹奇特的掘性鲎箕石

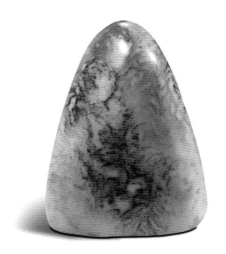

无丝的掘性鲎箕石

■ 鲎箕田石

鲎箕石中质地细嫩、纹理细密、表层色皮明显，似田石者称为鲎箕田石。产于寿山村高山峰西面与芹石村之间名叫鲎箕的峡约数亩田土中。

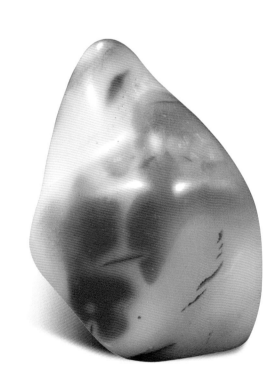

山坑类

民国初，从大洞另掘支洞，出石不同，色多乳白或白中泛黄，凝腻如油脂，肌理偶见色点。浸于油中，色渐转浓，脱油后，又变淡。因其嗜油，故称油性高山石。

油白性高山石

灰色细腻如油脂、色较纯的油白高山石

掘性高山石

掘性高山石系高山各矿床中，游离散落于山坡粘土中的块状独石，靠挖掘而得，故名。成因类似田黄石，质地莹腻通澈，肌理含萝卜纹，外表亦有石皮。有月白、黄色、红色之分。因久埋山中砂土里而缺乏滋润水灵。石难觅，较罕见。

质地偏粗的掘性高山石

质地细腻、带桃花地的掘性高山石

都成坑矿脉

都成坑矿脉位于寿山村东南约2公里的都成坑山及周围山冈。西南面连接高山、坑头尖，北与月尾山隔溪对峙。

矿床以脉状为主，沿岩石裂隙沉淀晶化而成矿，矿层稀薄。团岩坚硬，开采艰难，产量极微，大材难求。主要矿物成分与高山矿脉略同，外观特征亦相近似。

主要石种有都成坑石、尼姑楼石、迷翠寮石、马背石、蛇匏石、方田仔花坑石、鹿目格石等。

滴水洞

可与石帝田黄媲美的都成坑"晶冻之石"，是火山造就的寿山石受着地下水的浸泡与滋润，内部发生重大的化学、物理变化而生成的，所以其成分更加纯净，凝结度更高，矿石晶莹温润、细结透亮。石农戏称长年滴水矿石浸泡的坑洞为"滴水洞"，是出产上品石的矿脉标志。

都成坑石

都成坑石又称"杜陵坑"石、"都灵坑"石等，产于寿山村东南约2千米的都成坑山及周围山冈中，是寿山石百余个品种中的上乘者。在玩石者中早有"都成坑，砂成山；有水色，人人贪"之说。都成坑为火山熔岩渗入坚硬围岩的产物，结晶性较强，石质结实、晶莹，色彩丰富，有红、黄、白、灰、紫等色。表里如一，永不变色。肌理常有并列弯曲水纹和石皮或色斑。都成坑"石线"较薄，厚度一般不超过十几厘米，故多与黑色岩石一起采出。明末清初时发现，清道光年间（1821—1850）开始大量开采。

都成坑石性坚脆，刀过处，石屑卷起，亦与田石之柔韧有别，有哗哗或吱吱之声，两石相击有铿锵之声，灵性高。

■ 红都成坑石

红都成坑石即纯红色的都成坑石。可依浓淡深浅分为橘皮红、桃花红、朱砂红等等。以橘皮红都成坑石为最罕，《后观石录》赞曰："百炼之蜜，渍以丹枣，光色古黯，而神气焕发。"

■ **黄都成坑石**

黄都成坑石指纯黄色的都成坑石，也可依浓淡深浅分为黄金黄、桂花黄、熟栗黄、枇杷黄等诸种，以色纯、性灵、质坚者为上品。

凝结度高的结晶性黄都成坑石

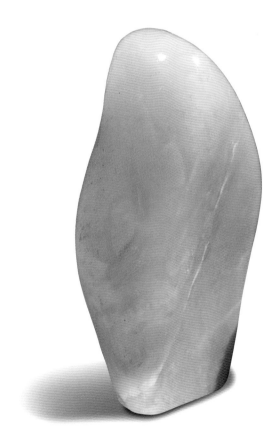

粘岩结晶性黄都成坑石

满布细密萝卜丝的黄都成坑石

■ 白都成坑石

白都成坑石指白色的都成坑石，纯白者少见，多白中泛黄、泛灰、泛青、泛蓝或葱白。肌理偶含不透明色块及条条色纹，以色清恬、性通灵者为佳。故行谚有云："都成坑，砂成山，有水色，人人贪"。

■ 黑都成坑石

黑都成坑石指黑色的都成坑石。其质地坚硬，半透明或不透明。

■ 灰都成坑石

灰都成坑石指泛灰色的都成坑石。肌理偶含不透明色块及条条色纹。

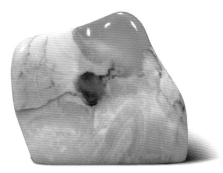

含结晶块的灰都成坑石

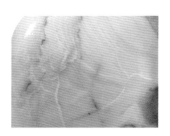

这种灰色在福州方言中称为"棺材灰都成坑石"

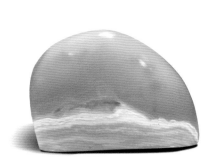

半透明的灰都成坑石

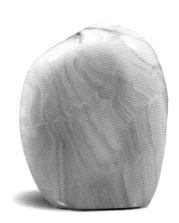

蜡质较强但不通透的灰都成坑石

■ 朱砂冻都成坑石

指质地洁白透明、肌理密布朱砂红点的都成坑石。以色艳、斑点均匀为上品。偶出冻石，称为朱砂冻都成坑石。

■ 花都成坑石

花都成坑石又称五彩都成坑石，指多色交错的都成坑石。妩媚艳丽，纹理自然，招人喜爱。材大色鲜、质地通灵者为佳。杂质过多则不足取。

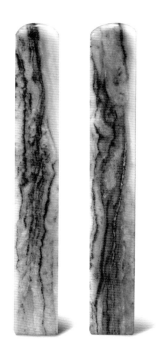
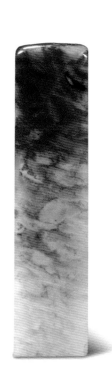

山坑类

五彩都成坑石　　　　　　五彩都成坑石

老性都成坑石，质坚通灵，
多成结晶状，温纯润泽

带皮的花都成坑石

红色部分带棉砂质的花都成坑石

带砂质的花白都成坑石

带棉砂质地的花都成坑石

色彩丰富的花都成坑石

■ **蚯蚓纹都成坑石**

含蚯蚓状纹路的都成坑石。近年开采的都成坑石以这种居多。

红色横蚯蚓纹

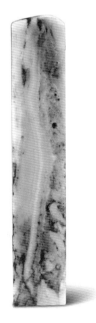

黄色直蚯蚓纹

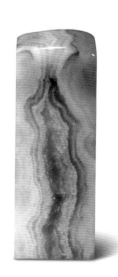

黑色直蚯蚓纹

■ 玛瑙都成坑石

结晶性状近似玛瑙的都成坑石。其质地晶莹凝结，属都成坑石之极品。

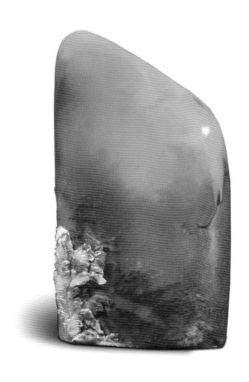

■ 都成坑晶石

都成坑各石中质地最晶灵通透的晶石，称为都成坑晶石。以黄色居多，较为罕见。

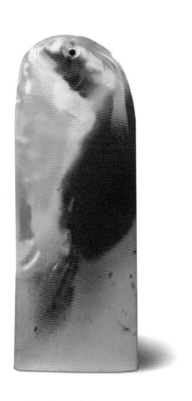

红黄白极品都成坑晶石

■ 琪源洞都成坑石

20世纪30年代,石农黄琪源在无名旧洞的基础上深入采掘,发现一种凝结通灵的石种。此石一登石坛,声名鹊起,成为各种都成坑石之冠。色多黄、红、白,性洁,少杂质,肌理常隐现萝卜纹,温柔可爱。

刀感细腻,石质凝结,屑粉滑润细微,蜡性强。

■ 掘性都成坑石

在都成坑洞附近的砂土之中挖掘出的都成坑石，其质地脂润，略微透明，通灵度逊于洞产的都成坑石。纹理较为杂乱，呈现网状或环形石纹。品质优者颇似田石，但其纹理纤细而弯曲，与田石之绵密均匀有明显区别。

■ 粘岩都成坑石

指与坚硬团岩紧粘着的薄层都成坑石。质特晶莹，但石层极薄，难以成材。凡都成坑石，常有石英细砂掺杂其间，解石困难。粘岩都成结晶体与砂岩集于一体，对比强烈。

质粗硬、不通透的都成坑石

质地粗的蚯蚓纹都成坑石

■ **都成坑原石**

兼有不同质感的都成坑原石——上方红色部分与下方
灰色部分带蜡性，而中间白色透明部分带结晶性、较通灵。

鹿目格石

鹿目格石产在都成坑西面的山坳中，多为零星块状独石，有洞产和掘性两种。洞产鹿目格石多黄、红相间，亦有石皮，质地通明，但肌理有黑点和粉黄点相杂其间。掘性鹿目格石，系久埋于砂土中的块形独石，质地较通灵温润，石表有黄或枇杷黄的微透明石皮，肌理则为浓黄，偶有牛毛状纹，俗称鹿目田石。唯黄中多泛块状红晕，质逊于田石。另有红鹿目格石，色如丹砂浮于清水中，俗称"鸽眼砂"。《观石录》称其为神品，极罕见。

黄皮红心的掘性鹿目格石

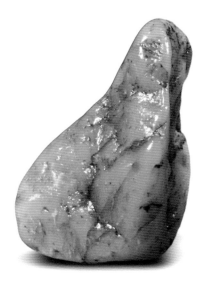

洞产鹿目格石

带黄皮的掘性鹿目格石

山坑类

尼姑楼石

　　尼姑楼石（又名来沽寮石）产于都成坑山旁，与都成坑石同出一脉，质相近，惟坚脆欠通灵，没有萝卜纹，有黄、红、灰、白诸色。肌理常含白色不透明细点，俗称"花生糕"。因产量少，识之者亦少。

尼姑楼石中常带的白色不透明细点

正面

反面

带朱砂的尼姑楼石

马背石

马背石的产地在都成坑西面，与尼姑楼旧洞相距二十多米处，因产地山脉似马之脊背故名。1991 年开采出石，并迅速拓展出十几个产洞。马背石质坚微透明，色多褚红、褚黄，晶莹者少，且多杂色，矿洞实属都成坑洞之余脉。

色较浓、较粗的马背石原石

色彩丰富的马背石原石

蛇匏石

　　蛇匏石产于都成坑南面的一座小山丘。相传此地古时多蛇，且山丘盘结如匏，故名。与都成坑石、尼姑楼石、迷翠寮石齐名，石农称其为"四姐妹石"。因产量甚微，识者不多。与都成坑石相比，质略松，微透明，纹理清晰。色以黄、白相间者多，也有红、灰、白等色。另有一种掘性蛇匏石，黄色，石表有外皮，肌理有蛇纹。

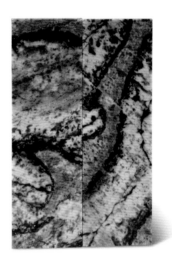

迷翠寮石

迷翠寮石（又名美醉寮石）产于都成坑山顶。相传古时有高士访石，至此筑寮为室，得石后，神情飘忽如痴如醉，故得名。石质软，石性灵。色多黄中略带粉红，为该石重要特点。除黄色外，尚有红、白、灰各色。肌理常见金砂地，闪闪发光。与都成坑石相比，胜其温润而稍逊通灵。矿洞早已荒废，现辟为茶园，流于世者甚罕。

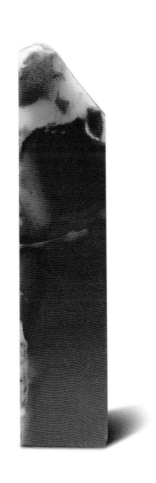

方田仔花坑石

　　方田仔花坑石产于都成坑山东面方田仔山坡。石质稍坚，由绿、白、黄、红、紫等各种颜色组合形成各种美丽的条状花纹，故名"花坑石"。是 20 世纪 80 年代初发现的新石种，流于石市，价格迅速上涨。其中部分矿块质地细嫩，纹饰呈透明结晶状，纹理通灵艳丽，被称为"花坑冻"。

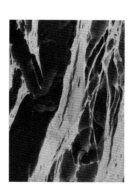

金线

方田仔金线花坑石

银线

方田仔银线花坑石

牛角地花坑石

虎皮花坑石

■ 各色方田仔花坑石

带绿色的非结晶性花坑石

花坑冻石

夹线细的方田仔花坑石

夹线粗的方田仔花坑石

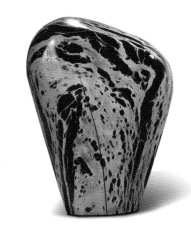

夹线呈红色的方田仔花坑石，较罕见。

金线、银线交错的方田仔花坑石

夹银线的方田仔花坑石

夹金线的方田仔花坑石

芦荫石

芦荫石（又称芦音石），产于坑头东北 0.5 公里处的溪旁。块状独石，散埋于芦苇丛下的砂土中。石多黄色，或内黄外白，质微坚，微透明，多含黑色细点，肌理有萝卜纹，佳者与硬田石相近，故称芦荫田。此外，尚有白、灰、红、蓝数色。近年有少量出石，多呈鹅卵形，且外裹白色薄皮。

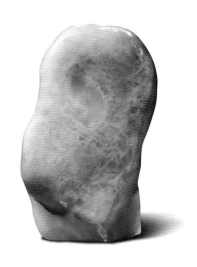

黑色细点，这是芦荫石的特征之一。

此石萝卜纹清晰细密，质微透明，是芦荫石中的佳品。

月尾山矿脉

月尾山矿脉位于寿山村东南约2公里的月尾山及其周围山冈。南面山林临溪与都成坑相望。其矿床较小，产量亦微，自清代康熙年间开发以来，时有佳石出产。主要石种有善伯洞石、月尾石、善伯奇石。

远眺善伯洞

善伯洞石

善伯洞又称"仙八洞"，石洞位于月尾山西南面小山冈，都成坑山临溪处。相传清咸丰、同治年间，石农善伯在此采石，洞塌身亡，后人称其洞为"仙八洞"或"善伯洞"。此后停产80年，1938年重新开采。

善伯洞石质地温腻脂润，半透明，色多艳丽，性微坚，肌理多含金砂点和粉白点（如花生糕），都成坑石则无。金石书画家陈子奋喻其为"红如桃花，黄如蜜蜡，灰如秋梨，白如水晶，赤如鸡冠，紫如茄皮，种种俱备"。1989年来，屡出佳石，为石界所珍重。

■ 红善伯洞石

红善伯洞石有朱砂红、暗红、李红等，艳丽者如红蜡烛。质温柔，凝腻，微透明，有光泽。

李红善伯石

■ 白善伯洞石

白善伯洞石有纯白或白中带黄、带灰等色，质脂润，微透明。石中常含粉白点，纯净无瑕者难得。

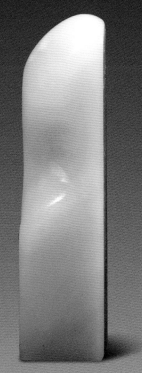

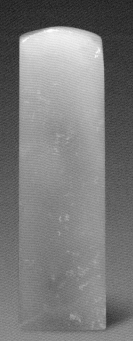

略带紫色的白善伯洞石　　　　带青色的白善伯洞石

■ 白善伯洞石

■ 黄善伯洞石

　　即黄色的善伯洞石。善伯洞石以黄色居多，有中黄、深黄、枇杷黄等。石中多有如花生糕的粉白点。

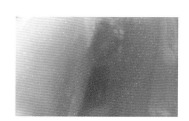

善伯石中的金砂

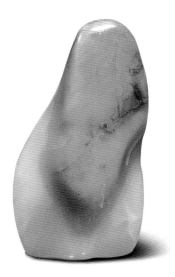

新性黄善伯石

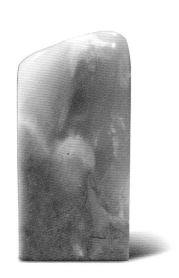

金砂地老坑黄善伯石

■ 银裹金善伯洞石

银裹金善伯洞石是善伯洞石中白皮黄心者，如白银包裹着黄金，故得名。品质佳者，白皮晶莹、洁净，厚度均匀，黄心质润、凝腻，色艳丽，是善伯洞石中的佳品。

■ 善伯晶石

善伯晶石质地通灵纯洁，多呈红、白、黄，肌理常含金砂，闪闪发光。以黄与微红的结晶石为最佳。

善伯晶石刀感如田石，质地温嫩，石质凝结。

这块善伯晶石既带有结晶
性，又带有蜡性，十分独特。

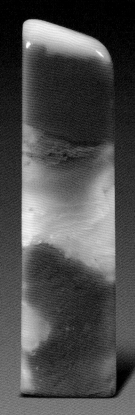

■ 巧色善伯洞石

一石之中有多种颜色相间、且色界分明者称为巧色善伯洞石。巧色善伯洞石色彩丰富，红、黄、白、绿诸色均有，质优者常含有金属砂粒均匀分布石中，备受收藏家青睐。

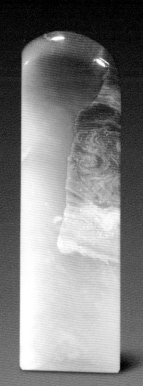

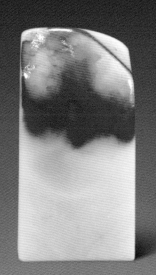

老性善伯石　　　　　　　　　　老性善伯石

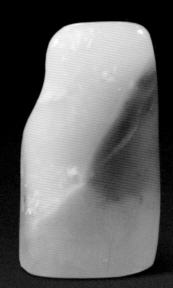

新性善伯冻石

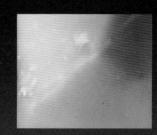

白色浑点，这是新性
善伯石的显著特征之一。

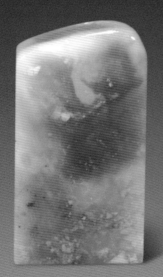

老性善伯石

具有老性善伯特点的花生糕

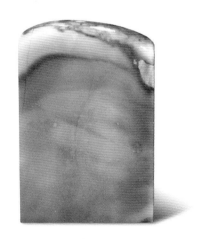

新性善伯石

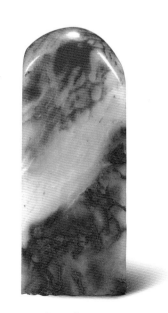

老性善伯石

紫红老性善伯石

紫绿老性善伯石

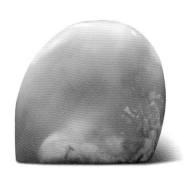

绿老性善伯石

善伯奇石

　　善伯奇石产于善伯洞后坡一个名叫"善伯奇"的山坡，是近年新开采的石种。巧的是，善伯奇山坡产的石头与旗山旗降洞相距遥远，而石质则又似旗降石又似善伯洞石。质坚，微透明，色以青绿、黄、淡红多见，时有格纹出现。

　　刀感：石屑稍卷，刀声脆响。

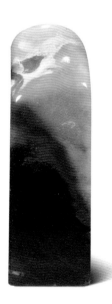

各色善伯奇石

色彩丰富、略带灵度的善伯奇石

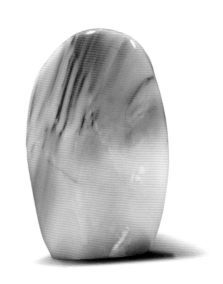

不透明、但蜡性强的善伯奇石

质地粗糙、无砂质的善伯奇石　　质地粗糙、有砂质的善伯奇石

质地细腻、略有杂质的善伯奇石

含有砂质的善伯奇石

又称"月尾仙"，是近年开采的一种善伯石。由于善伯矿洞不断纵深延伸，逐渐接近月尾石矿段，石质特征也有明显改变，其质微绵软，稍欠通灵，色多灰绿或红紫，极似月尾石，故名，寓具月尾石性的善伯洞石之意。

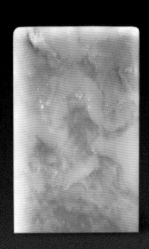

质地细腻、但色较深的善伯尾石

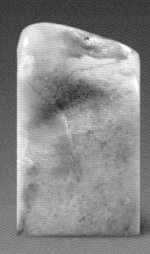

质地细腻且温润的善伯尾石　　　　质地较粗糙的善伯尾石

色彩明艳、质地细腻、但质较松的善伯尾石

质地欠通灵、有杂质的善伯尾原石

质地较通灵的善伯尾原石

月尾石

　　月尾石又称"牛尾石"。产于寿山村的月尾山，以产地名。石质细嫩，富有光泽，有不透明和微透明两种。色多紫、绿和赭黄、灰白，或两色相间，肌理隐白色点。

　　月尾石按色相和石质分别命名，主要有月尾紫、月尾绿、月尾艾叶绿、月尾冻、月尾晶。

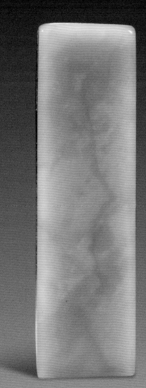

月尾绿石

灰白月尾石

■ 月尾绿石

月尾绿原石，这类石一般裂纹较多。

在绿色月尾石中，有色浓如老艾叶者，称为艾叶绿石，淡绿者称艾背绿石。石质松，易干裂，需油养。明朝福州名士谢在杭曾言："艾叶绿为寿山石第一"，并说"产自五花石坑"，但时至今日，尚未见五花石坑的艾叶绿石，故此成为寿山石开采史上的疑案。故在标名时应冠以产地"月尾艾叶绿"为妥。

月尾艾叶绿石温润，微坚，下刀石屑微卷，有嘻嘻之声。

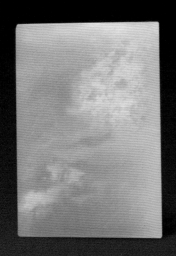

带结晶的月尾艾叶绿石

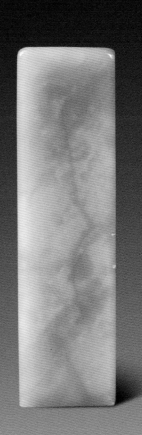

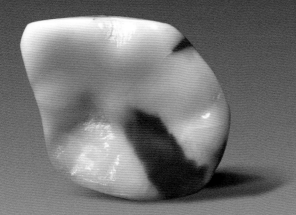

蜡质较强的月尾艾叶绿石

■ 月尾紫石

金砂较粗的月尾紫石

金砂较细的月尾紫石

金砂较粗的月尾紫石。
带金砂的月尾石蜡性中度，
石屑微卷，行刀涩韧。

金砂较细的月尾紫石

虎岗山矿脉

　　虎岗山矿脉位于寿山村中洋的山峦。南面与都成、月尾诸山连绵，向西北起伏渐下。矿床呈脉状及隐晶状结构，矿石以叶蜡石、高岭石为主，有时可见微晶石英混杂，形成不规则透明状纹理。石质多粗硬不透明，含未蜡化的高岭土及砂粒。其中部分纯洁结晶体具有收藏观赏价值。主要石种有虎岗石、栲栳山石、碓下黄石、铁头岭石等。

虎岗石

虎岗石（俗称虎头岗石）矿洞位于寿山村里洋、外洋交界的虎岗山，故名。石质粗，性坚脆，肌理多呈虎皮斑纹。多不透明，含红色细点。色有黄、蓝、灰，以黄色居多。矿洞开发于20世纪30年代，后脉断停产。近年又开新洞，所产石质微透明，较细嫩，其中通灵者称为虎岗晶石。

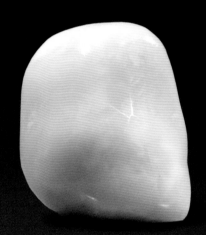

新产虎岗石

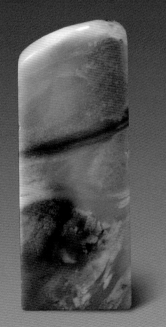

新产虎岗石

旧产虎岗石

碓下黄石

碓下黄石（又名岱下黄、带夏黄）产地位于寿山溪碓下坂附近的山坡下方，故名。以黄色最常见，有深浅之分。石质细软，不透明或微透明，肌理多含乳白色或粉黄色细点，俗称"虱卵"。

碓下黄石有洞产和掘性两种。洞产者，色淡如蜂蜜，石多裂痕，油浸则泯；掘性石质细柔，稍坚，色浓如桂花，外表有石皮，石纹呈红紫色。

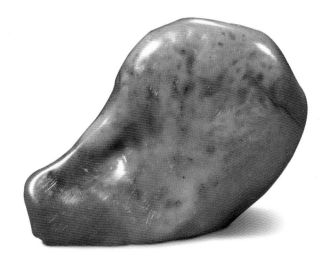

掘性碓下黄石

铁头岭石

铁头岭石又称狮头石，矿洞位于寿山村中洋的铁头岭岗，与栲栳山石同出一脉。石质粗糙，有砂丁，多杂质，不透明，难以凑刀。

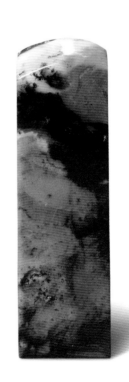

栲栳山石

栲栳山石（又称富老山石）矿洞位于寿山村中洋的栲栳山上。石质粗松且脆，色有浓黄、淡黄、朱砂、暗紫、深红等，多诸色相间，并有杂色斑点或条痕，俗称"鹧鸪斑"。

吊笕山矿脉

　　吊笕矿山脉位于寿山村东面与日溪东坪村接壤处的吊笕山及其附近山冈。开发年代稍晚，约在清末民国初开始开采，百年来断断续续，产量不丰。主要石种有吊笕石、鸡角岭石等。

吊笕石

吊笕石（又名豆耿石）产于高山东北面之吊笕山后背的瓦窑门。石材储量丰富，质硬，含粗砂粒。多数不透明，色以黑为主，也有黑中带灰白，含黄、白皮及筋络。

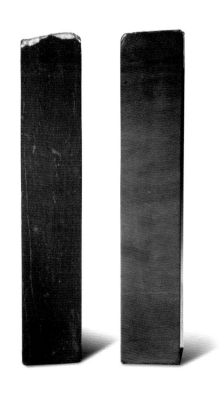

鸡角岭石

鸡角岭石产于吊笕山附近的鸡角岭，以产地命名。质稍松，微透明，有杂质，多有裂纹，肌理含有鸡爪纹。各色皆有，以红、黄、白多见。品质佳者，石质细嫩通灵，巧色多呈夹层状，近似高山石。

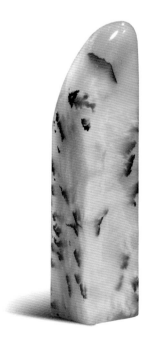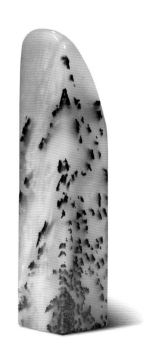

带明显鸡爪纹的鸡角岭石

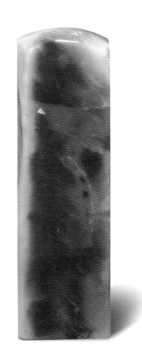

石质细嫩通灵、巧色呈夹
层状的鸡角岭石，近似高山石。

金狮公山矿脉

　　金狮公山矿脉位于寿山村东部约两公里的金狮公山及周围山冈，地处寿山中洋，北接柳坪尖，南邻寿山溪，东连吊笕山，西临农舍田园。矿床呈脉状或团块状。分布零散，矿层稀薄，石质略粗，产量较少。其中部分块状独石质稍佳。主要石种有金狮峰石、房栊岩石、狮鼻石等。

金狮峰石

　　金狮峰石洞位于高山东北3千米处的金狮公山，以产地名。性坚，质粗，多砂丁，多呈黄、红、灰、赭或多色相间，含黑斑。近年新采之石质益佳，有黑皮黄心及黄皮黄心者，品质佳者似鹿目格石，唯一的区别是，其质润腻不足。

　　金狮峰石皮厚，杂质多，欠温润，有砂地，色泽丰富，刀感多绵韧。

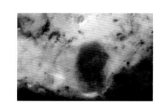

白皮红心的金狮峰石

三色皮黄心的金狮峰石

房栊岩石（又称饭桶石）因出产的山形酷似饭桶，故得名。产地与金狮公山相近，矿脉较小，石质坚实微脆，含瓦砾砂地，肌理常隐紫黑色点及结晶体。红、黄、白、灰各色俱备。色黄者，似都成坑石；红紫者，似月尾紫石。1941年前后，曾出过一批块状佳石，称为窠泡石，性通灵、纯净，半透明，含色点，石质不凡，甚罕见。

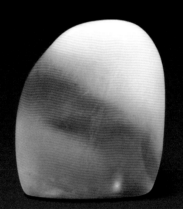

房栊岩石（又称饭桶石）

狮鼻石

狮鼻石产于寿山村的金狮公山。质粗糙不透明，砂质较多，各色错杂，难于受刀。

柳坪尖矿脉

　　柳坪尖矿脉位于日溪乡东坪村与寿山村东北部接壤处的柳坪尖一带。矿床呈脉状、透镜状和层状，矿层深厚，蕴量颇大，石质多不透明，富有滑润感，偶含细小微晶石英粒。主要石种有柳坪石。

柳坪石

柳坪石（又称柳寒石）产于高山北面约 5 千米处的柳坪村。储量丰，石材大，质粗色暗，不透明，多含杂质。近年大量开采，作为耐火材料，其中偶尔有少量质佳者供艺术雕刻之用。如杂色有花斑者，为花柳坪石；紫红者，称柳坪紫石，质细，微透明。也有晶冻石，称柳坪晶石，但体积小，量不多。

花柳坪石

柳坪紫石

旗降山矿脉

　　旗降山矿脉位于寿山村北部与日溪乡东坪村交界处的旗降山。与九柴蘭山相毗邻。

　　矿石以叶蜡石为主，其次为高岭石、水铝石等。石质单纯，不透明或微透明，具滑腻感。主要石种有旗降石、焙红石等。

旗降石

　　旗降石（又称奇艮石）产于寿山村北面之旗降山。石质结实、温润、坚细、凝腻，微透明或不透明，富有光泽，石性稳定，年久不变。色彩丰富，以红、黄、紫、白，或两色及多色相间者常见。主要以色相来细分其石，品种较多，是寿山石中的一大家族。

　　刀感：质虽坚而易攻，但受刀特良，绵绵卷起。蜡质好，其蜡质在都成坑石之上。

■ 红旗降石

　　指纯红色的旗降石。以其色的浓淡分为李红、橘红、玛瑙红、珊瑚红和赭红等多种。颜色艳丽照人，光彩夺目。色彩常有深浅变化，难得纯一。

李红旗降

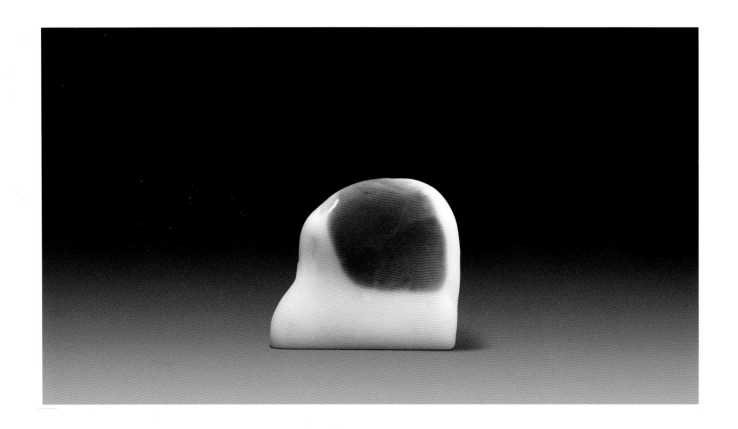

■ 黄旗降石

指纯黄色的旗降石。根据其浓淡深浅，可分为淡黄、枇杷黄、秋葵黄、橘皮黄等。偶见黄中带红、白各色，色界分明，是巧色石雕的首选石材之一。

橘皮黄

秋葵黄

■ 白旗降石

指纯白色的旗降石。多白中带淡青、浅绿、微黄。同为白旗降石，石质却不尽相同。佳者脂润如玉，酷似白芙蓉石；性燥粒粗者，则似焓红石。

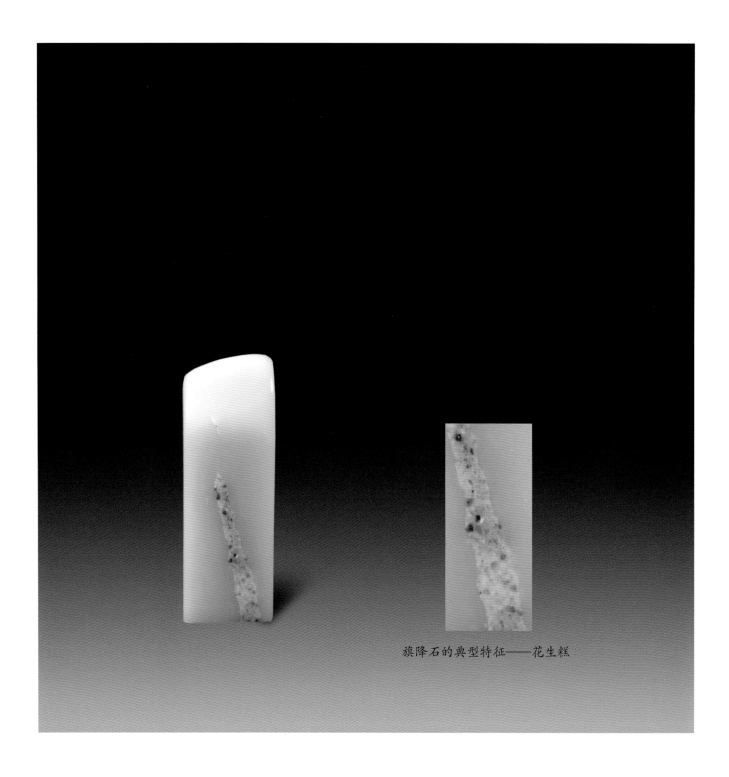

旗降石的典型特征——花生糕

■ 白旗降石

■ 紫旗降石

紫旗降石俗称紫旗石，紫色愈浓愈佳。也有紫色中带红、黑色花纹或小白点者，更富石韵。另有紫白相间如织锦者，称紫白锦旗降石，殊为别致。

白色包裹着紫色芯的旗降石原石

金砂地紫旗降石

紫白锦旗降石

■ 巧色旗降石

巧色旗降石指两色以上混杂交错的旗降石。有夹层、流纹等状。或对比强烈，或五彩缤纷。

在巧色旗降石中，有黄、白两色互相包裹的矿块，称为银裹金或金裹银。

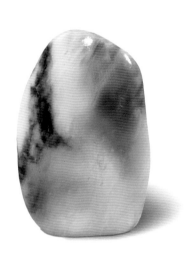

五彩旗降石

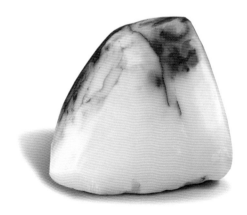

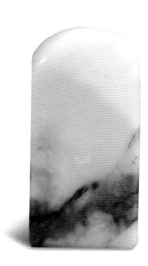

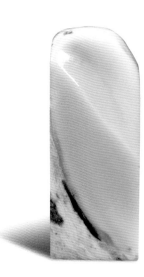

优质银裹金旗降石。外皮脆，石
屑溅崩，心似田石细润，温、凝、腻。

优质银裹金旗降石。外皮脆，石
屑溅崩，心似田石细润，温、凝、腻。

略带花生糕的银裹金旗降石

略带花生糕的银裹金旗降石

金裹银旗降石。石坚，
刀划声清脆，不阻涩。

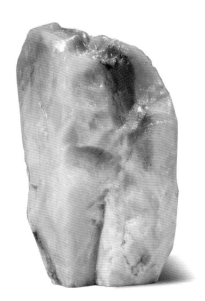

银裹金旗降石

■ 老性旗降石

　　老性旗降石指 20 世纪前期开采的旗降石，石性温润明亮，色泽艳丽纯洁，品质最佳。

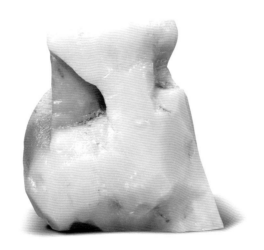

老性银裹金旗降石

■ 掘性旗降石

　　掘性旗降石指散落在旗降山砂土中的块状独石，靠挖掘而得，故名。石质较矿洞出产更加温润，多具石皮，甚罕见。

新性旗降石指 20 世纪后期出产的旗降石，质略逊于旧产。色多灰淡，欠光泽。

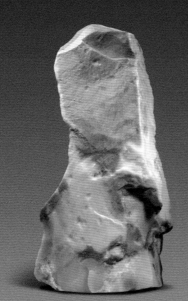

新性银裹金旗降石

　　焓红旗降石中的"焓"是福州方言，意为火烧。旗降石中，凡质粗顽，多含石英砂粒，不堪雕刻者，统称为焓红石。石农为改变其质，将其埋于火堆中煅烧。石经煅后，色变鲜红，遂称为焓红石。未经煅烧的粗质旗降石，时人也将其称为焓红石。

　　焓红石质硬且脆，欠温润，色多苍白，也有土黄、土红等色。有砂粒和不纯色块混杂其中，洁净者难求。

老岭矿脉

　　老岭矿脉位于寿山村北偏西约 2 公里的柳岭一带山中，地处寿山、日溪两乡交界处，山势险要，峰峦叠嶂。

　　老岭矿脉与东侧的九柴蘭山矿脉同属热液充填（交代）型矿床，矿质优良，蕴藏量丰富，既适合于雕刻艺术品，又是冶金工业的好材料。主要石种有老岭石、大山石、豆叶青石、圭贝石等。

老岭石

老岭石产于高山北面约 4 千米处的老岭山，储量大，始采于宋代。石质坚脆，微透明，雕刀过处，嘈嘈有声，石屑细碎，犹如玻璃碎片。色以青绿、赭黄为多，尚有粗瓷白、淡墨灰，亦有黄、红、青各色相间者。老岭石体积大，但质粗，多用以雕刻大件陈设品、器皿和规格化印章。品质佳者亦时有出现，如老岭青石，色青翠、雅洁而有光泽，与青田冻石不相上下；老岭通石，质洁净细嫩，色有青绿、淡绿及淡黄等，颇为难得；老岭晶石，晶莹通透，质微坚，通体洁净呈淡绿色，酷似青田石之封门青石。此外，还有老岭黄石、黄缟老岭石、色缟老岭石、花老岭石，皆为一般老岭石。

虎嘴老岭石产于老岭山虎嘴岩，石质纯净，透明度高。色地佳者属晶石，称"虎嘴老岭晶石"。

■ **老岭青石**

指绿色的老岭石。色青翠明润、纯净雅洁。

■ 老岭黄石

指黄色的老岭石。其淡者如杏黄，浓者近褐黄，质多不通灵，纹理略粗。

■ 红缟老岭石

指黄色老岭石中密布红色纹理的矿块，质坚，微透明。

■ 色缟老岭石

指老岭石中密布红赭、
棕黄和乳白各色纹理的矿块。
色彩鲜明，纹饰瑰丽。

■ 老岭通石

指质地通明的老岭石矿
块。半透明，偶含白色点，
有黄、绿二色，是老岭石之
珍品。

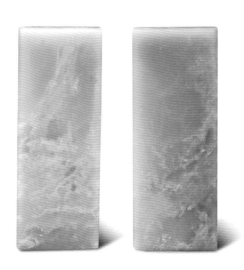

■ 老岭晶石

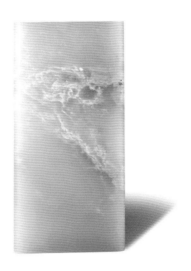

指质地晶莹透澈的老岭石。通灵度尤胜于老岭通石，肌理含脉状色纹，色灰白略带淡绿或微黄。通常夹杂于老岭石矿体中，难以单独成材，故较为稀罕。

■ 虎嘴老岭石

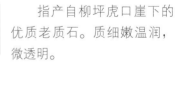

指产自柳坪虎口崖下的优质老质石。质细嫩温润，微透明。

大山石

大山石产于老岭北面深山之中。产量大，石质粗，含棉砂及斑纹，纹理细密如瓜络，多裂纹。色多绿色或黄绿、紫绿相间。其中质纯而洁净通灵者，称为"大山通石"；晶冻者称为"大山晶石"，较为罕见；质地通灵，肌理含明显筋络状色纹者称为"大山花坑石"。

大山石质地坚硬，通透性强，灵度高，下刀石屑卷起。

■ 大山晶石

指质地晶莹透澈的大山石结晶体。常夹生于粗质大山石中，砂多块小，洁净者十分难得。

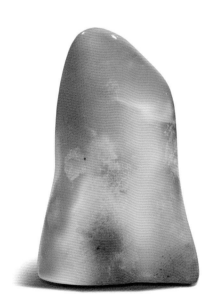

大山晶石

■ 大山通石

指质地明朗通亮、洁净
通灵的大山石，多为黄、绿色，
以色纯地清为佳。

■ 大山花坑冻石

指质地通灵、肌理含明显的络状色纹的大山石，以纹理清晰美丽的为佳。

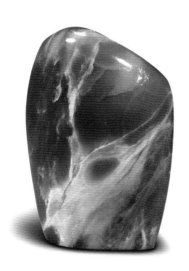

金黄质地的大山
花坑冻石，较罕见

牛角地的大山花坑冻石

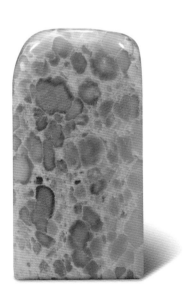
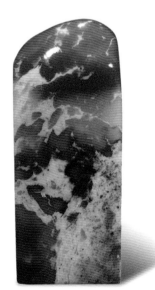
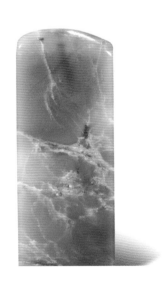

花纹典型的大山花坑石

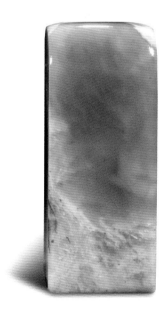 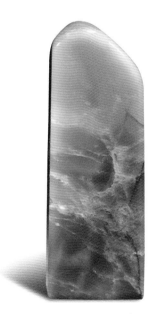 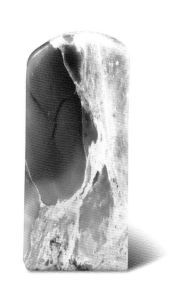

同样的岩层夹生出不同色彩的结晶块

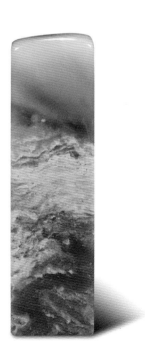

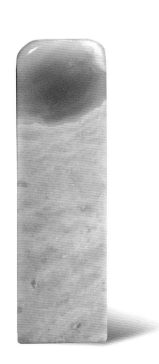

质地稍粗的大山石

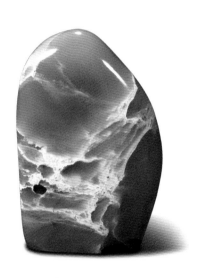

天蓝冻地的大山石

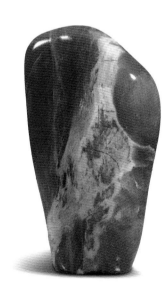

纯净、微透明的大山石

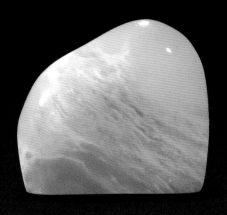

结晶块灵度高、纹路细的大山石

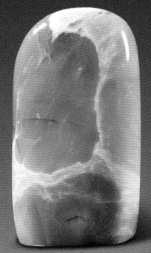

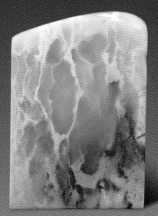

结晶块灵度较高、纹路粗的大山石

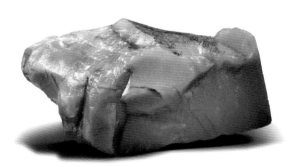

掘性大山石

质地较粗的大山石

豆叶青石

豆叶青石（又名豆青绿石）产于柳岭之麓，因色如青豆之叶而得名。质温润凝腻，微透明。色多青豆绿，浓淡不一。质近老岭通石，惟略欠通灵。

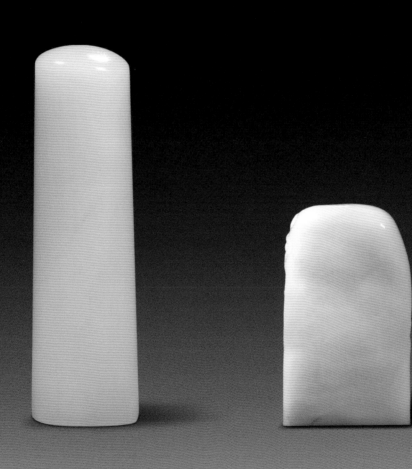

圭贝石（又名鸡背石）
产于柳岭山腰，靠近豆叶青
矿洞处，石性亦接近。色多绿，
近青田石之封门青石。质洁
净，微坚，肌理常见粉白斑块，
隐隐约约。现已绝产，流于
世者极为稀少。

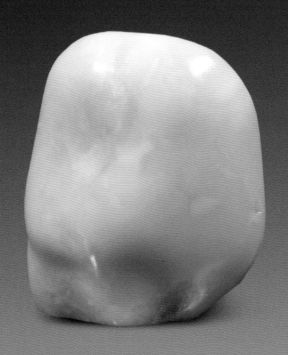

旗山矿脉

旗山矿脉位于寿山村西偏北约 2 公里的旗山附近山峦中。旗山又名麒麟山，是寿山最高的山峰。矿脉分布零散，多为不纯叶蜡石，多质地坚硬，宜雕刻材料较少。主要石种是大洞黄石。

大洞黄石

大洞黄石产于旗山马头岗旁，多为粗石，质硬脆、易裂。石中常杂有散状白渣，色呈赭黄或粗黄或暗黄。品质差。

黄巢山矿脉

　　黄巢山矿脉位于寿山村北面的日溪乡东坪与党洋两村交界的
黄巢山一带山峦中。黄巢山又名黄枣山，是九柴碪山、柳坪矿脉
的延伸，矿质同属一族。近年开整新洞颇多，主要石种有党洋石、
黄巢冻石、松柏岭石、山秀园石等。

二号矿石

二号矿石产于寿山乡黄巢山尾岗，原属工业叶蜡石矿，按矿山编号为二号矿。在开采叶蜡石时偶然获取结晶体团状冻石，原称为"二号矿冻石"，1999年福建省技术监督局正式将其更名为"黄巢冻石"。

黄巢冻石质地莹洁通灵，半透明，块度小、砂质多，有红、黄、白、绿等色，以黄色为最佳。肌理常有筋络砂质混杂。

刀感：石屑卷起。

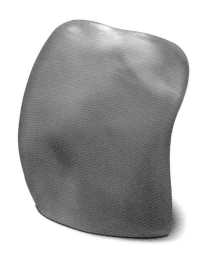

绿黄巢冻石

结晶性黄色黄巢冻石　　　　　　　蜡性黄色黄巢冻石

结晶性黄巢冻石

结晶性黄巢冻石

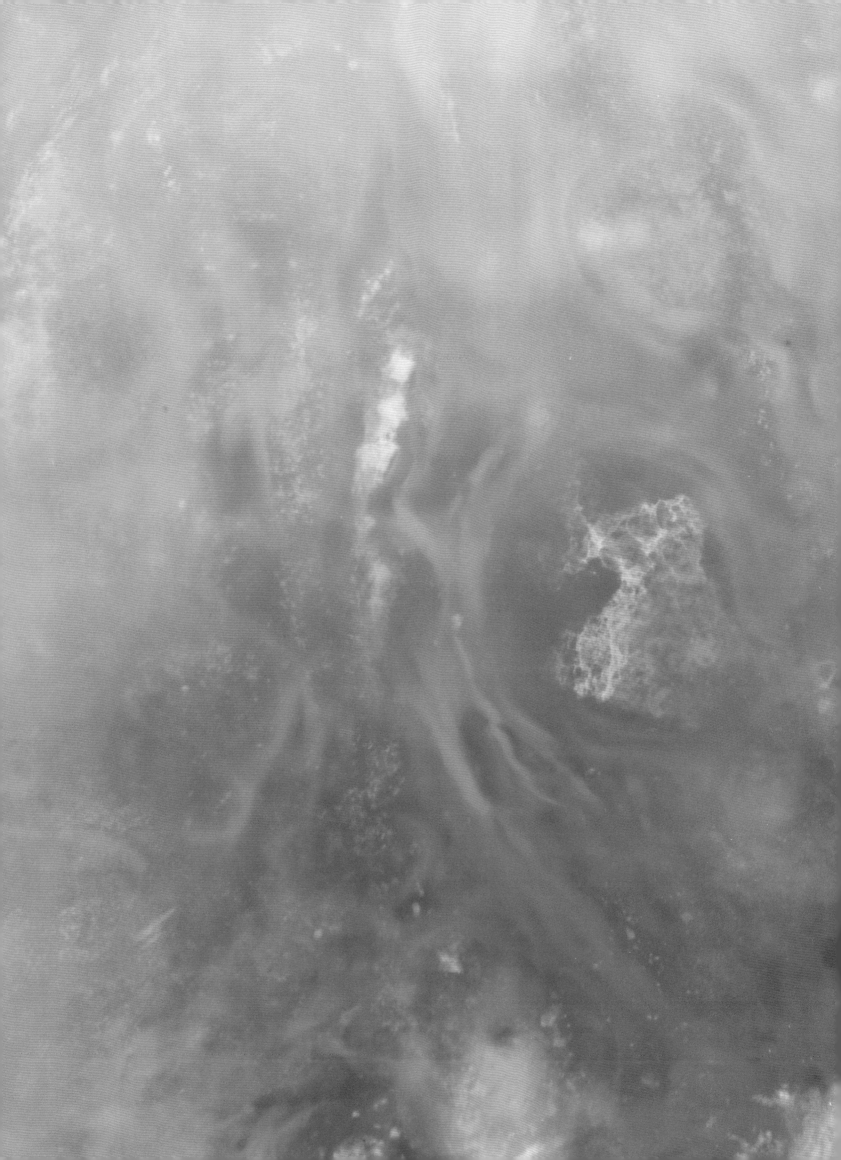

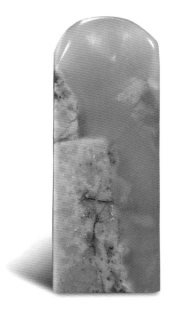
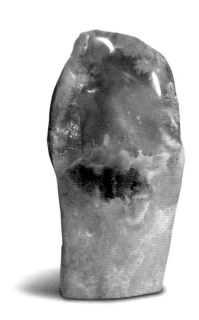

黄巢冻石中的晶冻部分系夹生
于各色砂岩之中，因此大材难得。

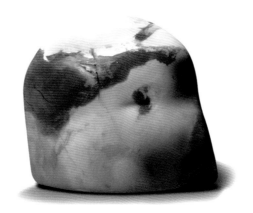

不通透的瓷白二号矿石

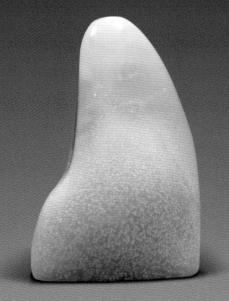

像鱼子冻的软质砂质

松柏岭石

松柏岭石产于日溪乡党洋村的松毛岭山中。山坡多松柏，故名。石质坚脆，有红、黄、灰、白、赭等色。粗者近柳坪石，多含裂纹及绵砂，细者像旗降石。近年出产石质较佳，细润微透明，色黄或豆青略带粉红，多含红裂纹。

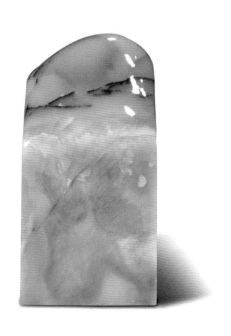

质地较松、裂纹较多的松柏岭石

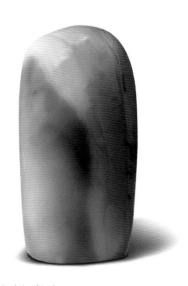

质地较粗、不够温润、干燥的松柏岭石

党洋石

党洋石又称"墩洋"、"挡洋"。产于日溪乡党洋村，以产地名。石质细嫩微透明，肌理含细纹络，以青绿色最为普遍，尚有白、黄等色。其按色相、石质可分为党洋绿、鸭雄绿、党洋晶等。

■ 党洋绿石

指纯绿色的党洋石。色青翠，质纯而润，是党洋石中最主要的品种，量多质佳。

■ 党洋晶石

指质地晶莹通灵的党洋石结晶块。色淡如豆叶，质坚实明朗，偶有乳白色斑块混杂其中。

■ 鸭雄绿石

指党洋石中色呈石青、石绿而明亮的矿块。因其色彩像雄鸭的翼羽，浓艳明翠，故名。属稀有品种。

山秀园石

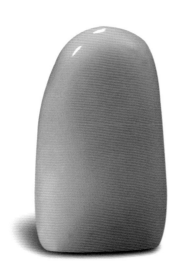

山秀园石产于寿山乡山秀园与南峰两村交界的山中，地势险峻，面临山仔水库。其石质细结润泽，肌理多隐含粒状黄色砂丁，有黄、红、白等色，多产黑白和灰白色界分明的石材，常作为高浮雕的用材。质佳者与芙蓉石相似。

刀感：夹层色彩明显者刀划之石粉溅起；纹理杂乱者石硬，灵度差，刀行阻涩；较纯半通明者石屑稍卷，但运刀较涩；质地似旗降者质半通灵，坚脆，刀声哗哗，蜡质较好；质地温润通灵者蜡质好，坚结，行刀舒畅，顺滑。

优质山秀园石，近似芙蓉石

各种各样的山秀园石

质通灵的山秀园石

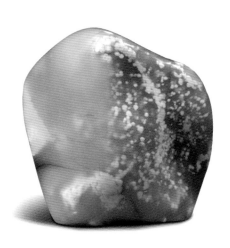

含冻层、较特别的山秀园石

带蜡性的山秀园石

微透明的山秀园石

特征典型的山秀园石

蜡性山秀园石

蜡性山秀园石

质地坚硬的山秀园石

蜡性山秀园石

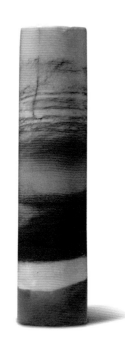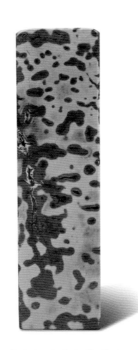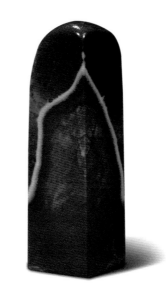

质地坚硬的山秀园石

纹路奇特，但棉砂质较
多、光泽度不佳的山秀园石。

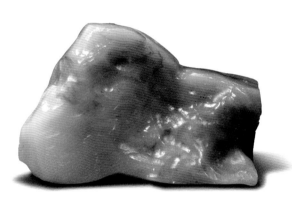

质地近似芙蓉石的优质山秀园原石

新产的品种，石性较老的山秀园石

带蜡性，但石质粗的山秀园石

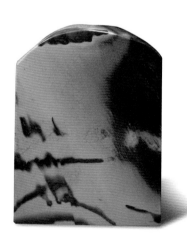

石质坚硬、粗糙，但
纹路颇有特色的山秀园石

山仔濑矿脉

　　山仔濑矿脉位于日溪乡东坪村的金山顶及其周围山冈，南近吊笕山，西临柳坪尖，东北面与连江县的潘渡乡塘坂村接壤。矿床开发于清代中叶，出产一种纯黄色矿块，颇具特色。主要石种有连江黄石和山仔濑石。

山仔濑石

山仔濑石通常裂纹很多

山仔濑石（又称山井濑石）产于日溪乡东坪村金山北面山麓的山仔濑，矿位处于连江县交界的峰峦，邻近连江黄石产地，故石质接近连江黄。石质较粗，多砂，脆硬易崩，有黄、白、红、黑等色，多见黄色。近年所产质稍佳，细嫩微透明，色黄少砂。

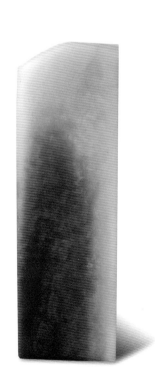

山仔濑石通常裂纹很多

连江黄石

连江黄石产于日溪乡东坪村的金山顶东北坡，与连江县接壤的金狮垱一带。因地界临近连江县，且色多藤黄或土黄，故称连江黄石。该石质硬而微脆，石表多含细裂纹，经油浸，色可转暗赭，裂纹也暂消失。肌里隐现不规则的网纹，或多条层纹，俗称"九重粿纹"，通灵有纹者初看颇似田黄，故石谚称"连江黄，伪田黄"。然其黄色偏焦，质地远不及田石温润，其"九重粿"纹理也有别于萝卜纹，故可分辨。

连江黄石质硬脆，多裂痕，作红焦色，偶有粉黄细点，以其纹之直，故其点亦簇成直行。坚硬而脆，游刃不能顺递，石屑飞溅。

此石裂纹交错，不适于雕刻，
具有典型的连江黄石的特征。

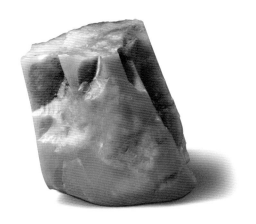

连江黄石的黄色似烧焦的黄

萝卜丝明显、带冻地的连江黄石

加良山矿脉

加良山矿脉位于宦溪镇峨嵋村南面的加良山及其周围山峦，是峨嵋区域的主脉。其矿层深厚，蕴量丰富。矿物成分以叶蜡石为主，其次是石英、水铝石和高岭石，含少量黄铁矿。

加良山矿脉于明代后期开始开发，20世纪以来，其工业价值备受关注，早期多作为工业耐火材料。该矿是雕刻艺术品的好材料，亦是我国目前最大的叶蜡石矿藏。主要石种有芙蓉石、绿箸通石、半山石、峨嵋石等。

芙蓉石

芙蓉石产于宦溪镇加良山东侧山峰。因色洁质嫩，犹如初开的木芙蓉花，温柔迷人而得名。开发于明清之际，初期石质略粗，且多含砂团，品位远不及寿山所产。至清乾隆时，将军洞芙蓉石问世，始初露头角，备受文人雅士赞赏，被称为"石中君子"，跻身"印石三宝"之列，与田黄、鸡血并驾齐驱。陈子奋《寿山印石小志》赞其："芙蓉之质与色直可与田黄冻石雄峙寿山，古人重其雅洁，凝似羊脂。"

芙蓉石光润细结，微透明如脂玉，鉴赏家形容其质似脆而实凝，似松而实结。色有白、黄、红、青、紫等，或两色乃至多色相间。肌理偶含不透明粉白色棉砂团块，是芙蓉石及其同族石质的重要特征。

芙蓉石以色相分有白芙蓉、黄芙蓉、红芙蓉、芙蓉青、紫芙蓉、巧色芙蓉等；以石质分有芙蓉冻、红花冻芙蓉、芙蓉晶、粘岩芙蓉；以矿洞分有将军洞芙蓉、上洞芙蓉、新洞芙蓉等。

芙蓉石矿洞

■ 红芙蓉石

红芙蓉石指纯红色的芙蓉石。娇艳夺目，光彩照人。肌理含水痕和黄筋，浓者艳若牡丹，但红石少见，尤为难得。有蜡烛红、桃红、朱砂红、李红、粉红、橘红等色。以蜡烛红为上品，十分稀罕。

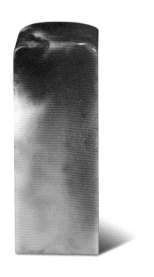

蜡烛红芙蓉石

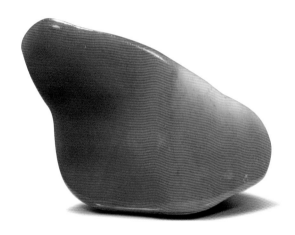

醉红芙蓉石——芙蓉石中有肉红色者称为
"醉芙蓉石"，如贵妃醉酒，令人如醉如痴，
是极为稀少的名贵品种。

老性红黄芙蓉石

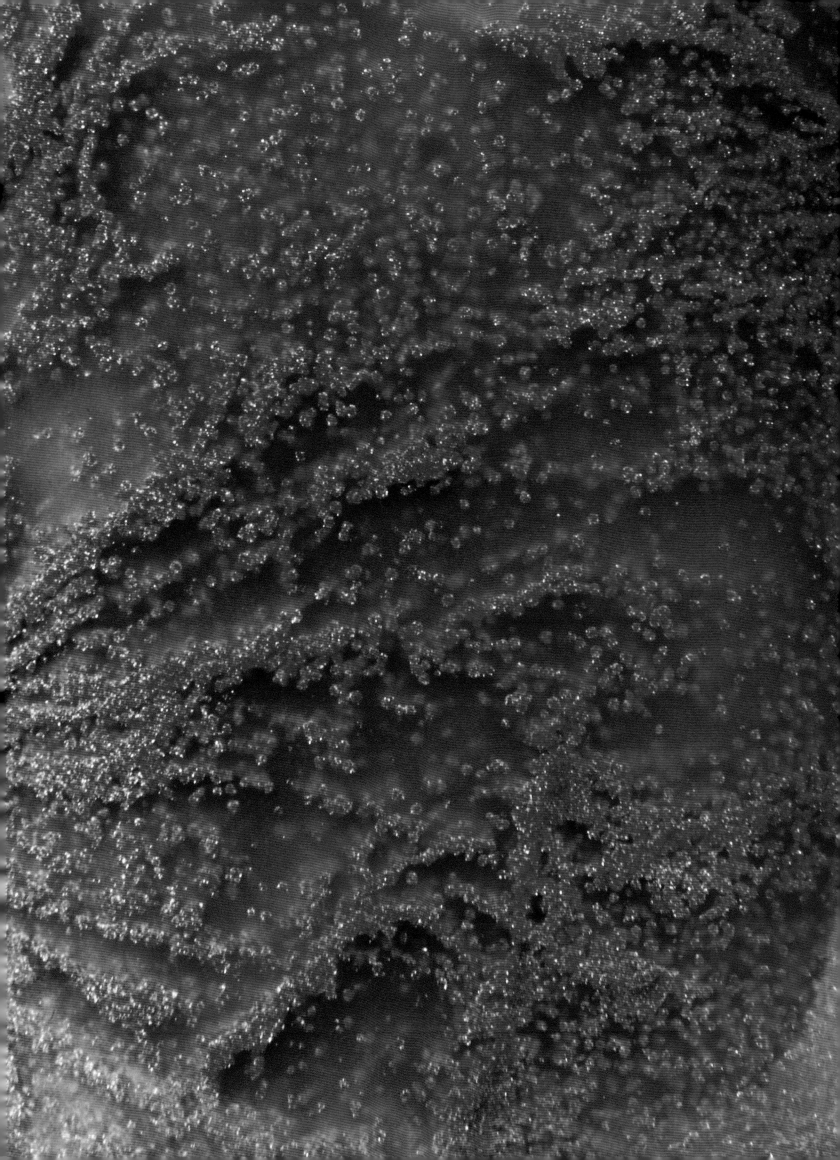

结晶性朱砂红芙蓉石

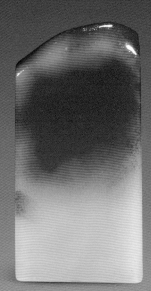

李红芙蓉石

桃红芙蓉石

■ 黄芙蓉石

指纯黄色的芙蓉石。浓淡深浅似枇杷黄、桂花黄、米黄、牙黄、杏黄等。石质稍坚实，若凝脂通透妩媚，古人称其有"橘柚玲珑映夕阳"之雅。但多带白色，纯净者少见。

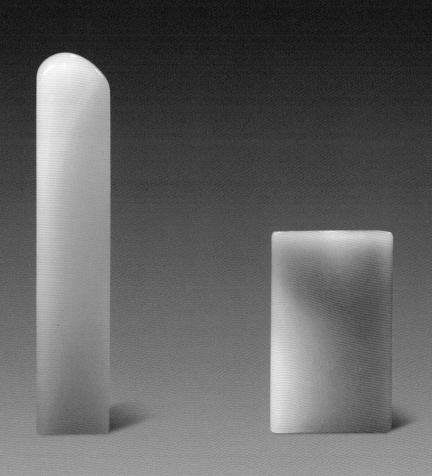

白芙蓉石即白色的芙蓉
石，质温雅柔嫩，有猪油白
芙蓉石、白玉白芙蓉石、藕
尖白芙蓉石之分。猪油白芙
蓉石凝腻如凝固的猪油。白
玉白芙蓉石滋润如羊脂玉。
藕尖白芙蓉石色嫩通灵，白
中微带青气。

藕尖白芙蓉石是旧产芙
蓉石中的珍品，金石书画家
潘主兰诗曰："玉腕冰肌比
石头，踌躇总觉不相伴。藕
尖白有芙蓉冻，丽质当推第
一流。"藕尖白石以淡雅高
洁而备受青睐。

藕尖白芙蓉石质地细腻，
蜡质强，灵度高。

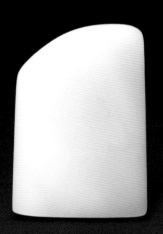

白玉白芙蓉石

瓷白芙蓉石，又称陶白芙蓉石，不透明，因其色泽如陶瓷一样洁白而得名。瓷白芙蓉石夹在矿脉的围岩中，质地松软，时有出产。

青黄芙蓉石

■ 芙蓉青石

指纯绿色的芙蓉石。质脂润，多不通灵，肌理多隐细黑斑。

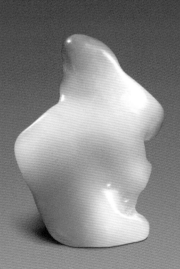

青黄芙蓉石

■ 紫芙蓉石

指纯紫色的芙蓉石。旧产少见，新坑颇多。深浅浓淡有别，但色纯而不杂者难得。其肌理多含白色筋络及色点，质地多不通灵。

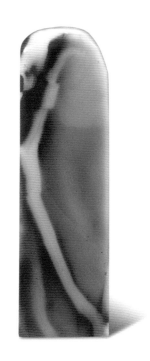

■ 黑芙蓉石

指黑色的芙蓉石，多见
黑白相间，纯黑者少见。

■ 巧色芙蓉石

指两种以上颜色交错或各种纹理的芙蓉石。其中有五彩斑斓纹者称"五彩芙蓉石"。

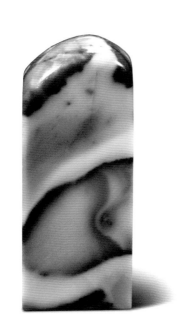

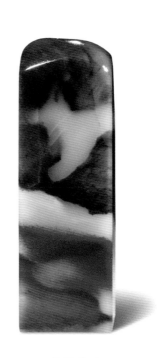

五彩芙蓉石

各种巧色芙蓉石

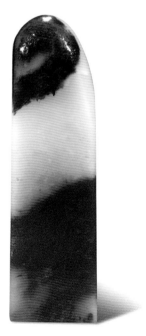

质地细腻、老性
且带五彩的芙蓉石

质地稍逊、但
色彩丰富的芙蓉石

此芙蓉原石重达30余千克但仍无法锯出章体，其中的砂质已被挖去。因芙蓉石常夹生于砂质之中，所以芙蓉石难以锯章，纯净的芙蓉石章尤其珍贵。

■ 芙蓉冻石

指质地凝腻的芙蓉石。
各色皆备，以白玉白、藕尖
白、蜜黄和蜡烛红较为常见，
属芙蓉石之珍品。其中白色
中晕红斑者称为红花冻芙蓉。

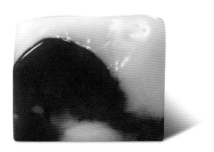

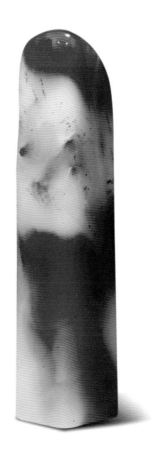

在通灵洁白的芙蓉冻石中偶见一种
含鲜红色斑块的，称为红花冻芙蓉石。

保留了砂质的朱砂芙蓉晶章。这种砂质越硬，结晶越通灵莹澈。

指质地莹澈通灵的芙蓉石。色多白、黄、红，纯洁无瑕者十分稀有。多夹生于芙蓉矿石中，材多较小。

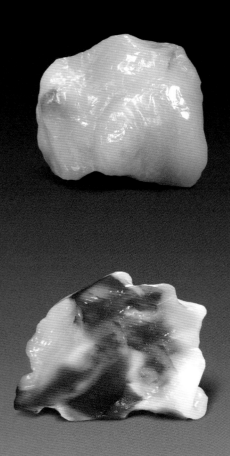

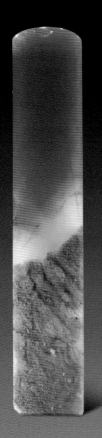

保留了砂质的朱砂芙蓉晶章。这种砂质包裹着的结晶芙蓉，往往砂质越硬，结晶越通灵莹澈。

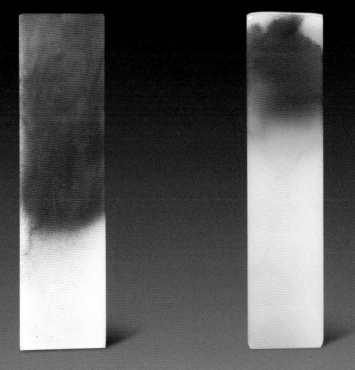

结晶芙蓉石章

■ 将军洞芙蓉石

　　将军洞位于加良山顶部，为芙蓉石的主要产洞，原名天峰洞。清初开凿后为某将军占据，遂改称为将军洞。此洞所出之石，质地极纯，柔洁通灵，为芙蓉石之极品。后洞塌，绝产。当今世上藏品，多是白色，皆百年前的旧物，价值不逊于田黄石。

　　刀感：将军洞芙蓉石质地极为细腻，蜡质稍逊，刀行之声悉悉。

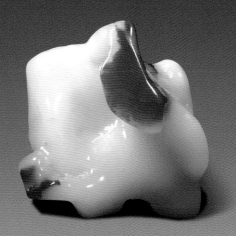

磨光后呈现出石头的原色，这近似羊脂
玉的白是将军洞芙蓉石的重要特征之一。

未磨光的结晶性将军洞白芙蓉石

■ **上洞芙蓉石**

上洞又称天面洞，与将军洞为邻。石质温润凝腻，但稍逊于将军洞芙蓉石。有白、黄、红诸色，以猪油白最常见，但多不纯洁，含杂粉白色不透明团块。该洞开发于清代初期，至 20 世纪后半期已濒临绝产。现流于世者皆旧品，甚为珍贵。

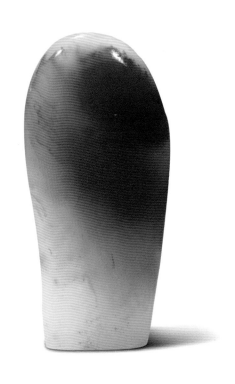

■ 老性芙蓉石 ────────────

指旧产的质地温润、石性稳定的芙蓉石。将军洞、上洞芙蓉石皆属于老性芙蓉。

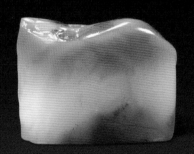

蜡性强的老性芙蓉石

老性芙蓉

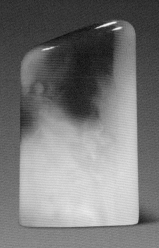

结晶性的老性芙蓉石

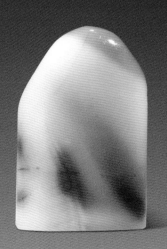

蜡性强的老性芙蓉石

山坑类

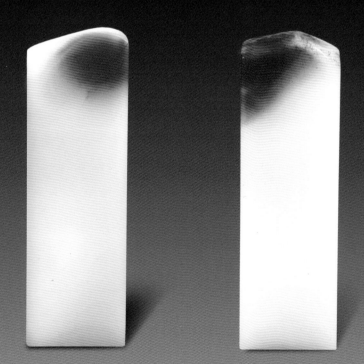

红白老芙蓉石对章

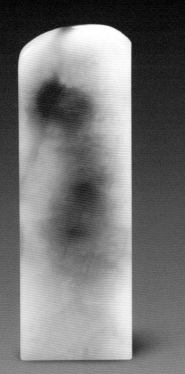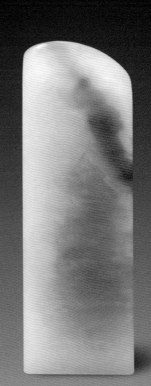

红黄白老芙蓉石对章

子冻、质地细软的砂质
是可以施刀的。

老性黄芙蓉石

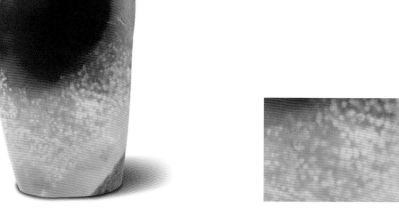

这种分布均匀像鱼
子冻、质地细软的砂质
是可以施刀的。

蜡质强的老性芙蓉石

同时带有天蓝色和朱砂的老性芙蓉石

■ 新洞芙蓉石

指 20 世纪 80 年代以来新开凿矿洞出产的芙蓉石。其矿洞位于加良山顶部的古矿洞周围。新洞芙蓉石与旧产芙蓉石相比较，新石色彩丰富，艳丽非常，石质细嫩，惟多含细裂纹，以纯洁的藕尖白最难得。坊间称之"新芙蓉"，以区别于旧产之"老芙蓉"。

较典型的新性芙蓉石，白色部分属藕尖白，但裂很多。

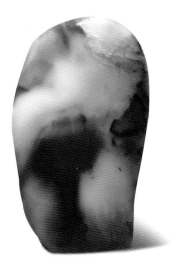

新性五彩芙蓉石

白色包裹着红黄二色的新性芙蓉石，属较特别的芙蓉石。

山坑类

新性红芙蓉石

新性青芙蓉石

■ 粘岩芙蓉石

指紧贴于坚硬团岩的薄层芙蓉冻石。砂岩之质越坚，冻石就越通灵，可惜往往石层浅薄，殊难成材。

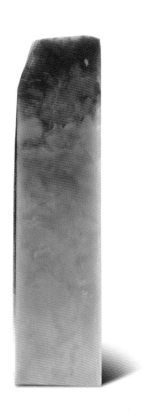
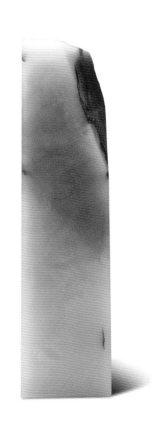

■ 各种砂质芙蓉石

带蜡烛红的砂质芙蓉

老性砂质芙蓉。这
种砂较坚硬，不易凑刀。

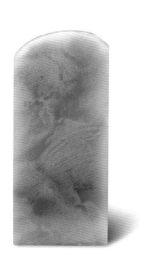

带结晶性的砂质芙蓉

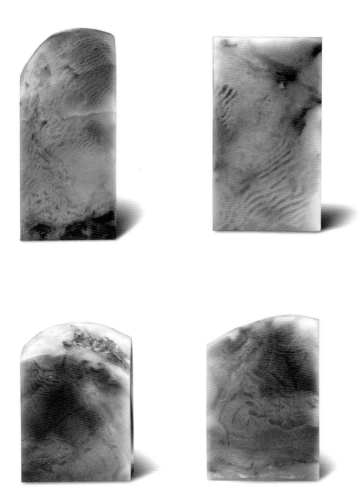

各种砂质形成不同纹路，芙蓉的结晶往往夹生于此类砂质中。

因矿洞位于加良山半山腰，故得名。石质较芙蓉石坚实，微透明，但滋润不足，多有裂纹、砂丁。质地坚实，温润的甚少。

色有白、黄、红。纯白者，称白半山石；以黄为主色者，称黄半山石；石中泛红斑点，艳如桃花、玛瑙者，称为红半山石；二色以上相间者，称为花半山石。

半山芙蓉石质地较松，石性成结，入油易变色。

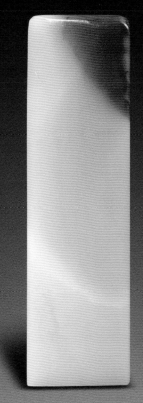

质地温润、坚实，
色彩典雅的半山芙蓉石

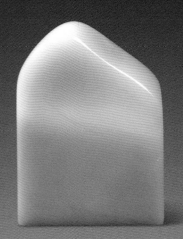

紫罗兰半山芙蓉石

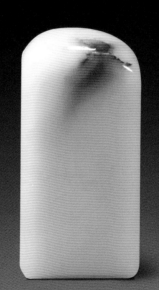

青半山芙蓉石　　　　　　　　质地细腻的优质半山芙蓉石

各种半山芙蓉石

砂质、裂纹较多的典型的半山芙蓉原石

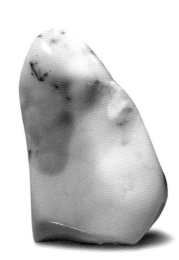

绿箬通石

绿箬通石洞位于将军洞下方，石性近芙蓉石。质微坚、细嫩，佳者凝腻通灵如冻，具透明感，故名。色青绿，似浙江青田石中的封门青石。肌理偶含红色浑点，粗劣者质硬，色暗，绿色浓淡不均，并含细砂、瓦砾。

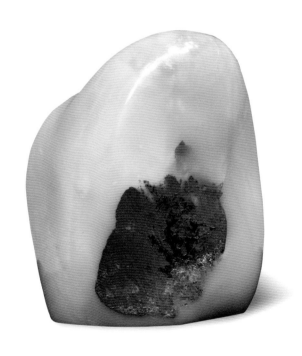

峨嵋石

　　峨嵋石产于加良山西侧的峰峦，储量和产量都很大。石质粗劣，微硬，多不透明，色错杂，有乳白、淡黄、嫩红及青灰等色，多黝暗含黑斑点，有砂丁及裂痕。多充做工业耐火材料用石，少数较好者，可做雕刻用材。1988年以来，曾出现一批佳石，俗称峨嵋晶石。质通灵，微脆，色有绿带桃红，黄带嫩绿，还有与白芙蓉石、藕尖白芙蓉石相似者，均为上等好石。人称红峨嵋石、桃花峨嵋石、半山红峨嵋石、青峨嵋石、翠峨嵋石、巧色峨嵋石、黄峨嵋石、峨嵋晶石等。

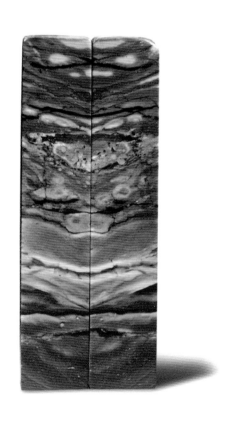

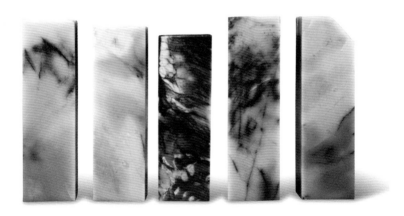

新石种　特殊石种

　　20世纪末以来，人们在寿山、峨嵋产区陆续新发现了一些石种，进一步丰富了寿山石的种类，主要有：汶洋石、尚县石、东坪石。

　　此外，尚有煨乌石、煨红石、寺坪石等经高温煅烧、非自然产生的特殊石种。

汶洋石产于日溪乡汶洋村与寿山村柳岭交界处，即虎嘴崖北侧山坡。旧时该地曾有产石，因质粗而不为人们所重视。至20世纪末重新开采，产石颇具特色，渐名扬海内外。石质颇似芙蓉石，白、红、黄色兼备，脂润腻滑，微透明，佳者白如脂，黄如栗，黑如墨。惟多含细密格纹，纯净者难得。

刀感：石屑多微卷，下刀涩行，蜡性较低，易崩。

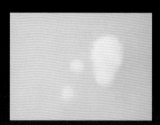

这种白点是汶洋石的重要特征

白汶洋石

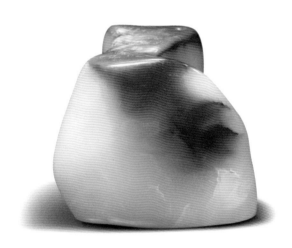

色彩艳丽的老性汶洋石

质地较粗、巧色杂而不乱的汶洋原石

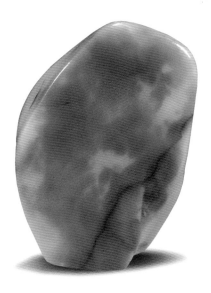

碱性汶洋石。此类
汶洋石性不太稳定，易
裂，需用油养。

老性汶洋石。
此类汶洋石性稳定。

带砂质的汶洋石

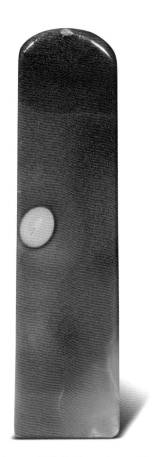

朱砂细腻且巧色奇特的汶洋石，堪称佳品

■ 汶洋冻石

石质温润、通透、色纯黄的汶洋石，较罕见。

■ 汶洋冻石

石质温润、通透、色纯黄的汶洋石，较罕见。

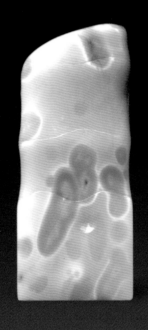

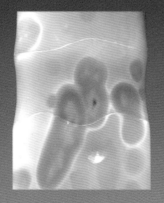

罕见的汶洋环冻石

尚县石

尚县村位于九峰山与芹石村交界处，该地新近发现了一批新石，称为"尚县石"。其与汶洋石属同一脉系，故石性接近汶洋石。

优质尚县冻石

典型的尚县石，其石质致密
细腻，近似高山石，外裹坚硬砂质。

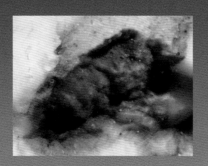

尚县石的砂质与汶洋石的
相似，十分坚硬。

东坪石

东坪石产于日溪乡东坪村南峰，是近年所产的新矿。其石质较粗糙坚硬，多砂质，但色彩丰富。属叶蜡石，所以多含蜡性。

煨红石

　　在福州方言中，"煨"为烧，煨红石即经高温煅烧而变成红色的寿山石。凡煨红石皆非天然固有，虽红艳然欠温润，且经过火炙，多数质地变得脆硬，裂纹较多，甚至会出现部分焦黑。

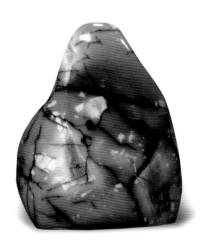

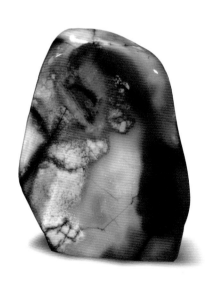

煨乌石

在福州方言中，"煨"为烧，"乌"为黑，"煨乌石"即是以火煅烧后改变原石性的"新"石种的统称。自明末清初以来，寿山石农常选猴柴磹、境洋、柳坪、高山、旗降等地的粗石埋于稻谷壳中，用火煨烧，使它的外表变色，像黑漆一样，然后用水砂纸磨光，使之光耀夺目，并称其为"煨乌石"。清朝福州文人称："煨乌，以高山、奇艮、墩洋之硬者，煨以谷壳。火色正，则纯黑如漆；火色偏，则拖白如汉玉；火色过，则碎矣。"

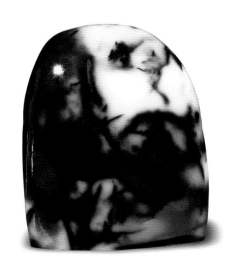

寺坪石

寺坪石并非矿脉中出产的石种名称，而是指埋藏于寿山村外洋广应院遗址中的古代寿山石矿块及其雕刻品，靠挖掘而得，相当稀罕。

广应院是寿山古刹，建于唐光启三年（887），明洪武年间（1368 — 1398）因火灾寺毁。万历年间（1573 — 1644）重建，至崇祯年间（1628 — 1644）又毁。相传古代寺僧大量采集寿山石，雕刻成佛具、礼品蓄于寺中。寺废时，这些寿山石经火炙后再埋入土中。经长年累月的水分侵蚀或土质沁染，表皮色转黝暗，质地却润泽倍增，蕴古朴之气。

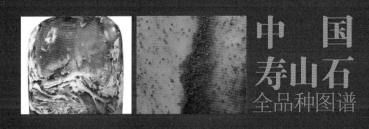

中 国
寿山石
全品种图谱

第二章　特殊石种鉴赏

桃花篇

纹理是一种线条艺术，是东方的典型形式，也是寿山石的艺术魅力之所在，值得细细玩味和欣赏。寿山石的纹理归纳起来有肖形纹理、抽象纹理和点状纹理三类。

肖形纹理　这种纹理的形状构成某种自然图案，形成一种石外之趣。有的像树，有的像人，有的像山水，有的像动物，有的像文字等等。人们称之以肖形，与寿山石中的肖色相对应。

抽象纹理　漂亮的纹理必须有序有形，构成一定的图案，或形象或抽象，"贵在似与不似之间"，形成一种别有韵味的意趣。如妙趣横生的环冻、文雅隽永的鱼鳞冻、卓尔不群的鳝草冻，以及绚丽奔放的花坑石、隽秀清越的"萝卜丝"、简约理性的棉砂纹等。此外，或状如冰凌，或形似苔藓，或如流云、山水，或斑斑点点，或沟壑纵横。这些图像虽然没有明确具体的指向，却有一种抽象之美，正如美术中的图案、肌理和纹理，挣脱了形象的束缚之后，审美的空间反而更为广阔，欣赏者可以任意发挥丰富的想象。

点状纹理　在美术上，线条是由无数的点组成，点是一种特殊的线。寿山石的点状纹理，在寿山石的纹理审美上独树一帜。寿山石的点状纹理各类大约有桃花、朱砂、金沙、蓝沙、虱卵、石榴砂等。如桃花冻就是一种桃花样的纹理。

纹理的审美还应该注意到灵石的形体。形体是一种外在轮廓线，灵石形体的丰腴、饱满及圆润均十分符合东方传统的审美意趣，颇有韵味。

寿山石以其天姿国色获得人们的青睐，原石的欣赏是崇尚自然、追求美的表现。从寿山石原石的天生丽质中，人们获得了返璞归真的美感。

寿山"桃花冻"石乃寿山石各名品中带桃花点的冻石的总称，可谓各品种之精品，观赏价值、艺术价值、审美价值兼备。白色透明的石质中含鲜红色细点，或密或疏，浓淡掩映，光彩夺目，其状如片片桃花瓣，浮沉于清水中，娇艳无比，华美典雅，此即桃花冻石。在繁花似锦中寻觅那一丝芳香，犹如桃花遍洒，瑰丽绚烂。

桃花冻石质通灵，色多白、黄中带红点，有深有浅，有大有小，似三月桃花散于石上，娇艳无比，令人爱不释手。此石产量甚少，十分珍贵。

掘性玻璃质坑头桃花冻石

桃花颗粒细微且富有变化的坑头桃花冻石

桃花颗粒粗壮而富有层次感的坑头桃花冻石

桃花点疏朗的高山桃花冻石

桃花点疏朗的高山桃花冻石

桃花点细密的高山桃花石

桃花点大而疏的高山桃花冻石

桃花点细而疏的高山桃花冻石

桃花点细而密的高山桃花冻石

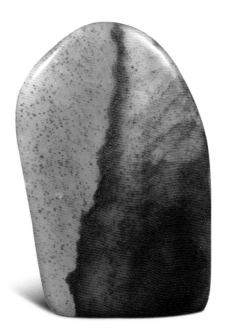

高山桃花冻石。一块石料上有疏
密结合的两种桃花质地，十分罕见。

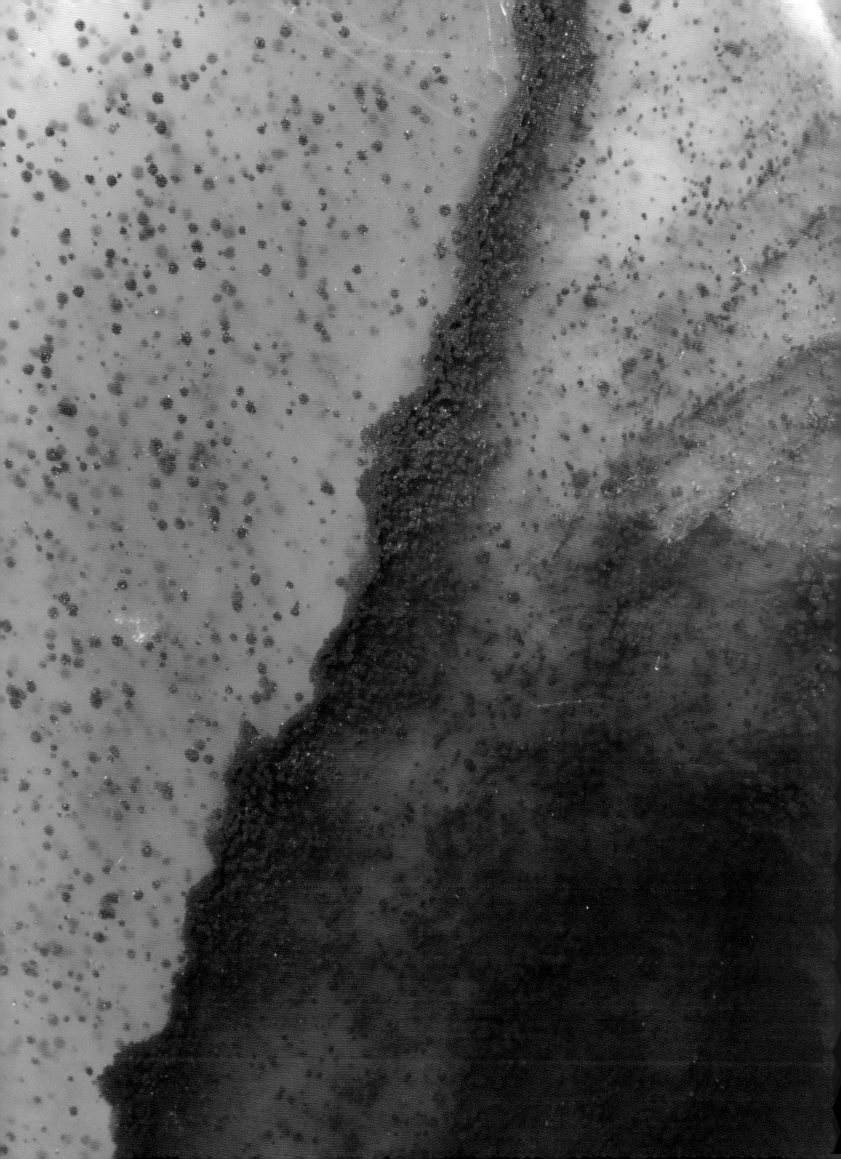

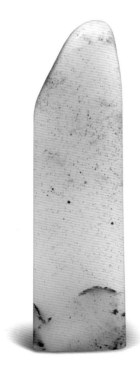

高山桃花冻石。桃花颗粒细微，影影约约，似雾里看花，格外雅致。

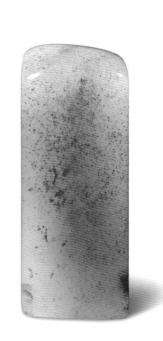

桃花篇

水洞高山玛瑙桃花石

玛瑙玻璃质地水洞高山桃花石

色彩浓郁的水洞高山桃花石

■ 掘性桃花石

细腻的萝卜纹外隐现错落有致的桃花细点

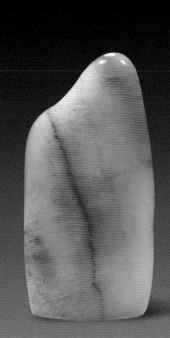

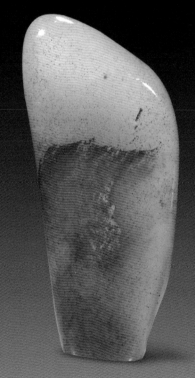

含细密萝卜纹的掘性桃花冻石　　　　　不含萝卜纹的掘性桃花冻石

■ 桃花都成坑石

都成坑石的桃花多在朱砂色块的局部中体现。

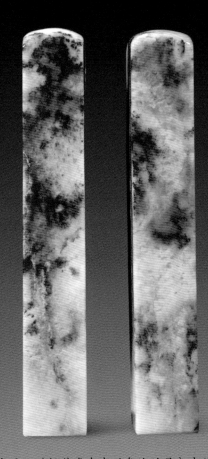

■ 桃花都成坑石

都成坑石的桃花多在朱砂色块的局部中体现。

■ 善伯桃花冻石

石质特征明显的善伯石，
绿色善伯石中很少有此种桃花。

■ 芙蓉桃花冻石

桃花较疏朗的芙蓉桃花冻石　　　　桃花较细密的芙蓉桃花冻石

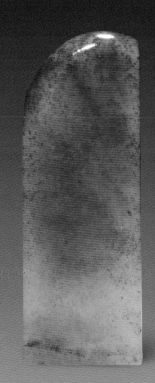

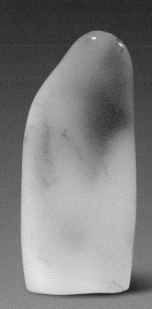

桃花较粗的芙蓉桃花冻石　　　　　桃花极细的芙蓉桃花冻石

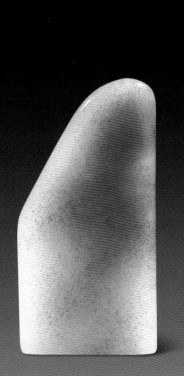

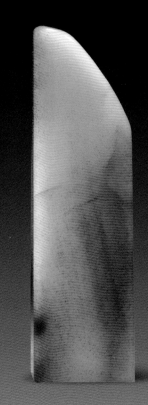

老性芙蓉桃花冻石　　　　石质较左图稍逊的芙蓉桃花冻石

大红袍篇

　　大红袍产于寿山村鲎箕坑,以冻地类为佳。因属高山系掘性独石,产量有限,正合物稀为贵。纯正中国红,质地不逊于鸡血。石面半透明或微透明,浑然似有天象可观。其红斑凝结而通灵,浓淡相宜,色界分明,状若云蒸霞蔚;其条纹呈不规则分布,斑斓七彩,氤氲去来,恍见仙家盛会。间有金砂点点,如星光闪烁,平添几许灵修气韵。

　　大红袍因以大红为主调,符合国人的审美取向,故能夺人眼目,一举成名。更兼各路神雕,锐眼审石,精心施艺,力保原生形态,又使其气象万千。守定基本色调,却让其魅力四射。有曰:寿山灵石可凭攻玉,福地红袍正合养颜。

■ 牛角冻地

色块大、杂色少的牛角冻地大红袍　　　　　色块大、杂色多的牛角冻地大红袍

黄绿冻地

■ 红花冻地

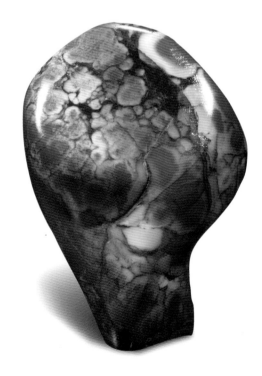

五彩大红袍

五彩石篇

五彩，原指青黄赤白黑五种颜色，在这里是绚丽多彩的意思。因此，五彩石不是狭义上的一块石头上有五种颜色，而是泛指各种五彩斑斓具有观赏价值和收藏价值的奇石美石。寿山五彩石石质细腻，手感润滑，图案花纹千姿百态，风采迥异。

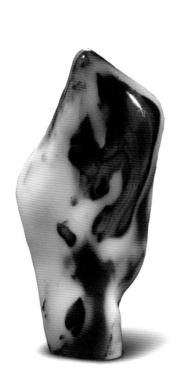

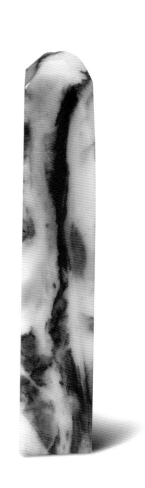

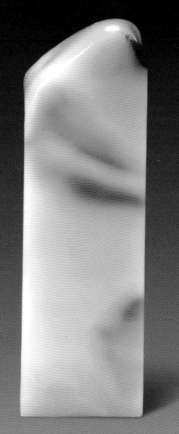

五彩半山芙蓉石

■ 五彩荔枝冻石

正面

背面

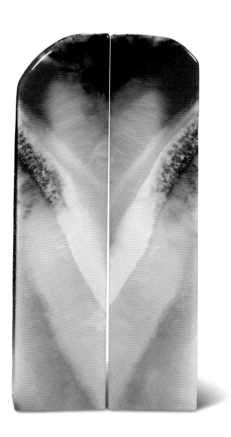

■ 五彩善伯石

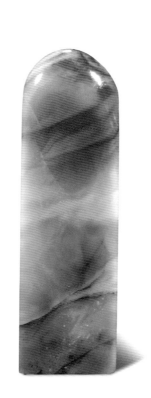

五彩善伯石

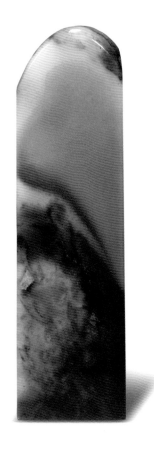

■ 五彩汶洋石

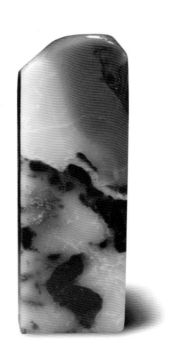

■ 五彩月尾石

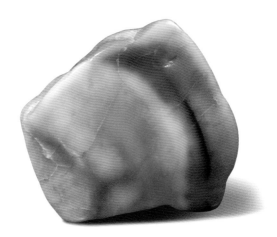

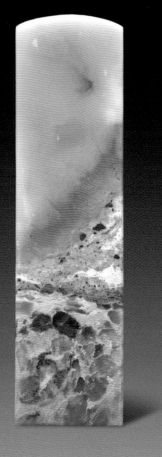

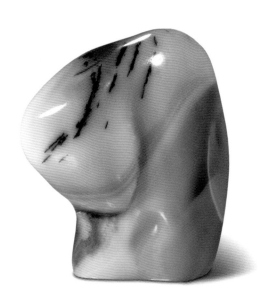

奇石篇

　　寿山奇石是亿万年火山熔岩的矿物成分经组合、沉积、凝结、蚀变等变化，四面形成了天然的色彩。这些图案色彩艳丽、妙趣横生，有的神韵天成，震撼人心；有的轮廓抽象，会意传神；有的意境深邃，耐人寻味；有的色彩艳丽，耀眼夺目；有的纹理神趣，惟妙惟肖；有的似像非像，幻影迷奇；有的晶莹剔透，精巧玲珑；有的直白画意，鲜明了然。因此深受人们喜爱，乐于珍藏。寿山奇石，美就美在它的象形和神似，美在它所表现出来的内涵和意境，美在它不同的色彩、奇妙的纹理、晶莹的质地上。面对一块块充满诗情画意的奇石，欣赏者尽管有着不同的心态、不同的感悟，但都能从中寻求到艺术趣味，并得到一番天然美的享受。寿山奇石，集天地之精华、蕴万物之灵气，留给人们的是鬼斧神工的天然美，是意蕴万千的神韵美，是千姿百态的动感美，这就是寿山奇石的魅力所在。文人墨客们曾这样赞道："石之为物，至大至雄，女娲补天，仰赖此公；石头奇色，如霓如虹，鹅黄嫩绿，姹紫嫣红；石有纹理，妙水神峰，山川密秀，蕴涵其中；石有品格，黑白分明，不染泥沙，不染羶腥，大哉此石，七彩玲珑，为地之气，为天之精。"

目极烟波浩渺间　晓鸟飞处认乡关

坑头奇石

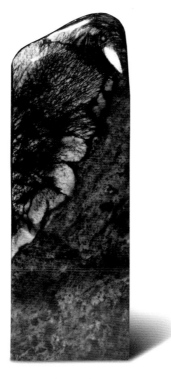

繁衍生息

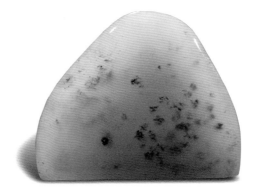

春江水暖

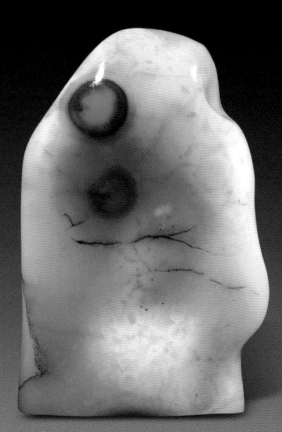

天眼奇观

牦牛迁徙

高山奇石

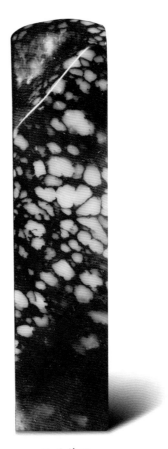

云豆花开

水草丛生

大红袍奇石

鳌龙

都成坑奇石

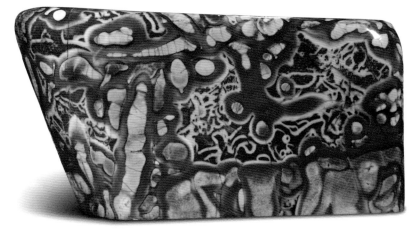

敦煌壁画

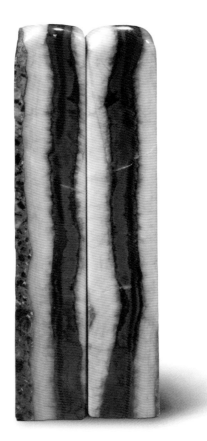

火龙冲天

金蛇狂舞

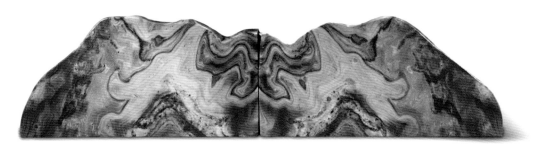

火牛图腾

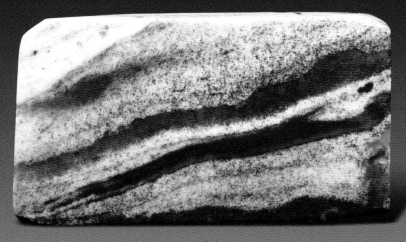

五花肉

高山飞瀑

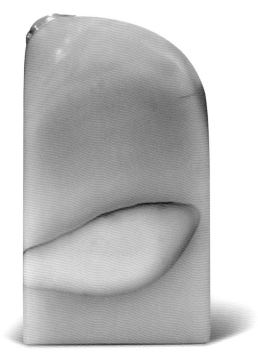

一叶知秋

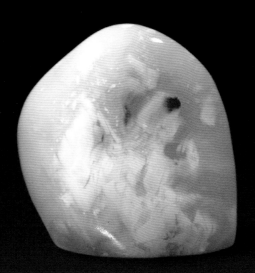

金玉满堂

天象奇观

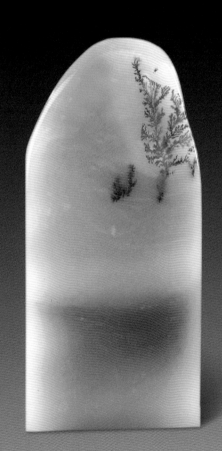

黑松屹立

夫妻对拜

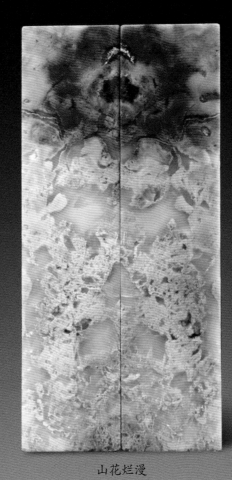

山花烂漫

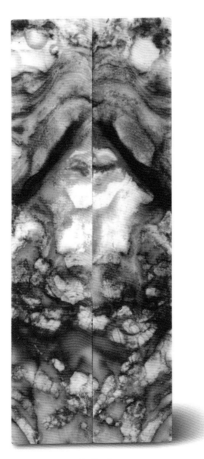

印象画

一江春水向东流

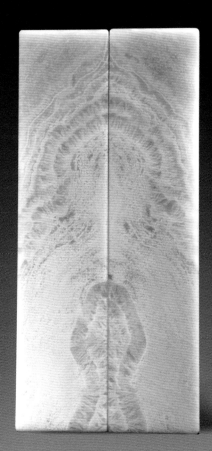

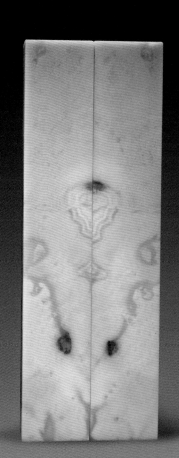

佛光普照　　　　　　　　　　　　　听取蛙声一片

天象奇观

雪山冬韵

猫

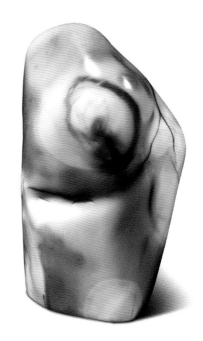

孕育

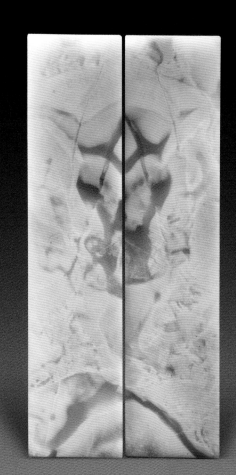

嗷嗷待哺

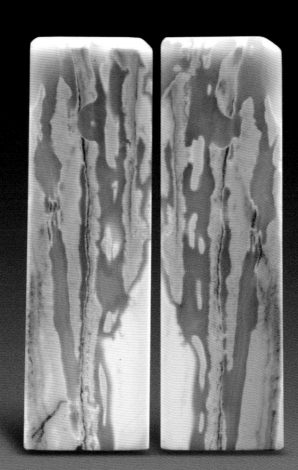

无题

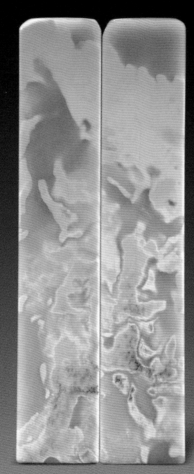

无题

山秀园奇石

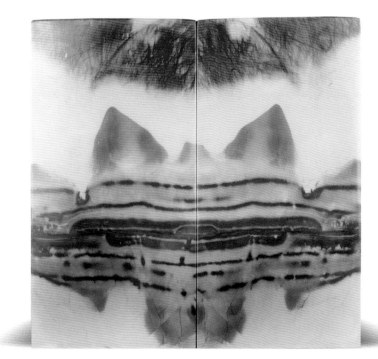

漓江晚霞

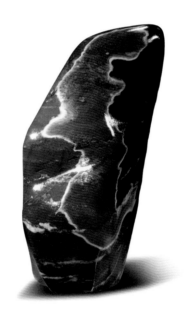

福在眼前

独具慧眼

鹰

化石

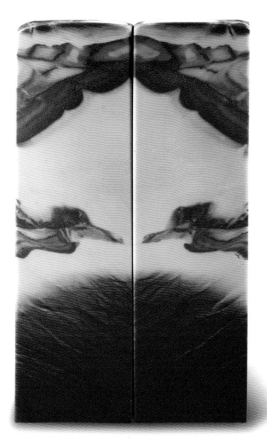

凤凰涅槃

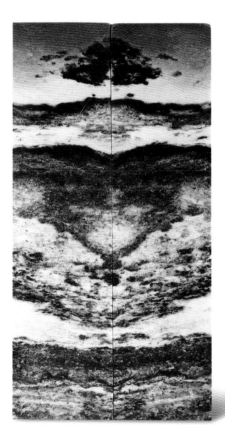

几度夕阳红

北国秋韵

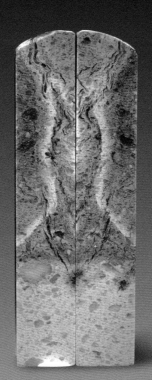

麋鹿戏水

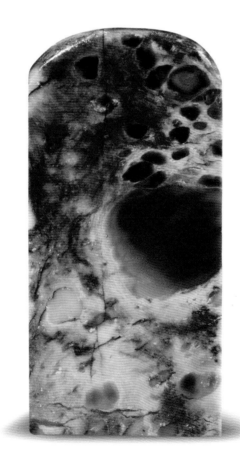

火眼金睛

二号矿奇石

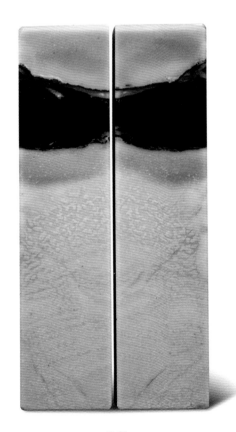

无题

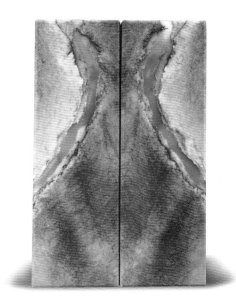

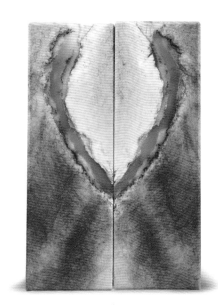

无题

老岭奇石

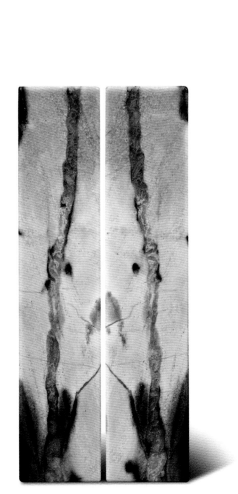

脸谱

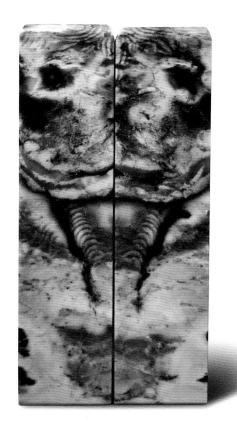

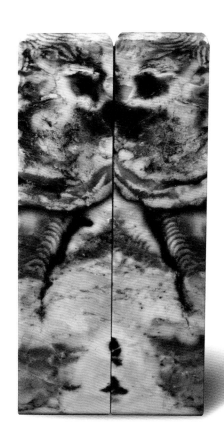

万象太平　　　　　　　　　　　　　　　猫眼看人

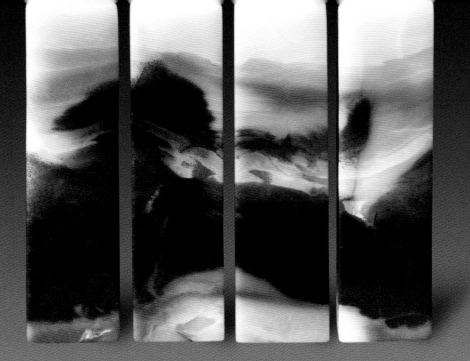

江山如此多娇

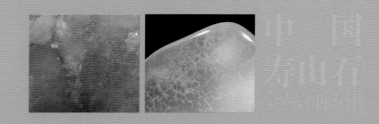

第三章 | 寿山石概述

一、寿山石的形成与传说

1. 寿山石的传说

在地质学家揭开寿山石成因的神秘面纱之前，关于寿山石的形成，民间流传过许多美丽的传说，为寿山石增添了无限神奇的色彩。

女娲炼石补天是我国古代最著名的神话之一，而寿山石最著名的一则传说也与之相关。相传共工与颛顼争帝，怒触不周之山，天柱折，四维绝。女娲面对灭顶之灾，挺身而出，拯救人类于水火。她折鳌足撑四极，杀猛兽，治洪水，炼五色彩石为天补漏。传说女娲补天从昆仑西北一直补到东海之滨，到了寿山、芙蓉、九峰诸处时，见这里峰峦叠嶂，风光无限，于是扬手洒福，将补天剩下的五色彩石撒落在寿山四周，这便是寿山石乃"女娲补天遗石"之说的由来。

关于寿山石的由来，还有一个动人的传说，那就是"凤凰彩卵留人间"。相传远古之初，天帝掌管人间，派遣凤凰女神巡行世间，至寿山一带时，凤凰女神亦为山川之美景所打动，流连忘返，遂于回归天庭之际，将彩卵留在青山绿水之间。这彩凤之卵历经千万年，就变成了今天五彩斑斓的寿山石。

神话传说虽然是古人丰富想象的产物，但是它为寿山石的由来蒙上了一层神秘的色彩，为人们欣赏寿山石提供了广阔的联想空间。闭目想象，女娲炼石补天的情景该是何等壮观，被她点化过的顽石在神火的焚烧下，又该富有怎样的灵性！人们把寿山石称为"女娲补天遗石"，这不仅渗透着浓厚的中国传统文化气息，而且也显示着人们对寿山石的挚爱和所寄托的美好祝福，这也是寿山石赋予我们的自然之美、原始之美和传统之美的一种体现。

2. 寿山石的形成

据地质研究结果显示，福建省的地质在中生代曾经出现过一次重大的变革。在距今约 2.08 ~ 1.35 亿年的晚侏罗纪到早白垩纪地质时代，处于板块边缘地带的浙、闽、粤东部地区，由于受到来自东南方向另一块板块的挤压、碰撞、俯冲，从而发生板块断裂。其交汇处下插的岩石板块被地壳内部炽热的岩浆熔融后，因内部压力的作用，沿着相反的方向，从断裂处或上涌、或侵入、或喷发，从而形成了闽东沿海大面积分布的火山岩。在大规模火山喷发间歇期，形成了寿山——峨嵋火山喷发盆地。寿山——峨嵋火山喷发盆地是北东向分布的众多火山喷发盆地之一，面积大约 200 平方千米。

从目前所探明的寿山石矿藏分布情况和所掌握的地质考古资料分析，寿山石矿脉是线状和环状断裂联合控制下形成的，它大约产生于中生代火山岩岩层中，经历了漫长的地质作用后，一种表现为线形地理构造，另一种表现为环形地理构造。

线形地理构造： 线形地理构造分为北东和北西两组，这是因为寿山——峨嵋火山喷发盆地在形成过程中，处于太平洋西岸板块碰撞环境下，碰撞机制造成的北东、北西两组区域性断裂构造发育。在这两组区域性断裂构造线上，特别是它们的交汇部位，控制了火山通道的分布。这两组线形构造从今天寿山石的矿脉来看，一组表现为旗山西至老岭——松柏岭和高山——善伯洞——金山顶线上发育成的两条北东向断裂构造；另一组表现为虎口——金狮公山和高山——加良山线上发育成的两条北西向断裂构造，并且它的分布具有等距性和网格性特点，控制叶蜡石、寿山石呈带状分布。

环形地理构造：环形地理构造是围绕几个火山通道中心分布的。小溪组下段火山碎屑岩及部分熔岩沉积喷发以后，在现今旗山、黄巢山、剃刀山、芙蓉山、加良山等处，形成火山通道，沿通道喷发或喷溢出的熔岩就在火山口周围堆积。由于山体下岩浆不断向上喷溢，地下就变得空虚，于是火山口周边就出现坍塌下陷，这样就形成了破火山口。在破火山口中心填充着大量的熔岩，而在塌陷的火山口边缘，则堆积着大量的火山角砾岩（集块岩）、火山角砾凝岩等。在火山口塌陷的过程中，不仅形成了围绕火山口的环状断裂裂隙带，而且还出现阶梯状断裂和与之伴生的火山口中心向外辐射的放射性断裂。这些断裂处常为后来的各种岩脉、角砾岩所充填。环状断裂控制着一系列的寿山石、叶蜡石矿脉的分布，如黄巢山火山口边的环状断裂，控制着瓦坪、柳坪、旗降、松柏岭等矿点；加良山火山口边环状断裂，控制着峨嵋叶蜡石矿及寿山石脉分布。

按形成机理来分，寿山石矿有内生成矿与外生成矿两种。

内生成矿：即地壳运动，如岩浆活动、火山喷发之后，形成于地下的矿脉。由于其与火山热液活动有关，所以地质学家就把这一类矿藏称为火山热液矿床。由于成矿方式不同，又可以分为热液交代型、热液充填型及热液交代充填型。

热液交代型：主要分布在虎口、大山、柳坪、加良山，还有一部分在旗降山、善伯洞和月尾等地。矿体多呈层状，其次是不规则脉状、团块状和透镜状。这种矿石的成分以叶蜡石为主，其次是硬水铝石、石英、绢云母、高岭石、地开石等。矿体与围岩大多为渐变关系，矿石中经常可以见到交代残余的现象。这一类矿石与工业叶蜡石关系密切，有的就是叶蜡矿床的一部分，除局部为高档石种外，其余多属普通的中低档寿山石，占工艺寿山石产量的80%以上。

热液充填型：主要分布在高山、都成坑段，其余地段只零星见到。寿山石矿体呈脉状，脉的宽度大小随裂隙变化而不同，一般与周围岩石的界线很清楚。这一类寿山石多为地开石，质地细腻、色泽艳丽、透明度较好，多为高、中档寿山石原料来源。

热液交代充填型：主要分布在善伯洞、旗降山、松柏岭等处，其它地段也有发现。矿体以脉状、透镜状产出，矿石多以地开石或高岭石矿物为主，部分以叶蜡石为主。矿体除部分沿层间破碎带产出外，更多的是沿断裂裂隙充填交代。在近矿处经常可以看到一定宽度的蚀变带。这种围岩蚀变主要是地开石化、叶蜡石化、高岭土化等。矿石多为中档，部分为高档。

外生成矿：即指随着地壳运动，形成于地下的矿脉暴露于地表，经过强烈的物理风化侵蚀作用后，岩石崩裂为岩块、岩屑，并在重力影响下沿着山坡滚动，在低凹处堆积，又经砂、泥中的水分滋润，再经历水化学作用、氧化作用和一定距离的搬运，最终，原生矿石中的"中坚分子"能够久经考验得以保存，混杂沉积于地表。号称"石中之王"的田黄石，就是最好的例证。

产于寿山村寿山溪两旁水田底下砂层中的田黄石，"无根而璞"，无脉可寻，呈自然块状，无明显棱角，属冲积型砂矿。它是原生矿风化侵蚀后形成的坡石，又经水流搬运到河溪的某些地段沉积下来。因为长期受到含腐殖酸等物质的水分的浸泡，所以水化学作用十分明显。水流的搬运磨蚀，又使田黄石块棱角消磨殆尽，因此多呈浑圆状。有皮的田黄石，其外皮多为风化含铁的泥质物所包裹，呈现黄色或灰黑色。化学风化作用使原生石中并不明显的脉，以格、纹的形式凸现出来。这些格和纹，有的不是原生石所固有的，而是后来在风化的过程中，沿着裂隙次生形成的风化矿物。

寿山石中的田黄石是大自然神奇造化的尤物，是天地之精灵，可遇而不可求，所谓"清水出芙蓉，天然去雕饰"。世间万物因为有其独特生成的历史与特性，所以才有其独特的魅力和价值。

3. 寿山石的矿物成分

寿山石质地凝腻温润、通灵可爱，纹理千姿百态、气象万千，色彩五颜六色、异彩纷呈。寿山石之所以如此绚丽多彩，备受世人喜爱，这与它的矿物成分息息相关。据研究表明，寿山石品种繁多，矿物成分十分丰富，不同的矿物成分直接影响着寿山石品质的优劣及其特性。通常情况下，高档的寿山石矿物成分主要有地开石、高岭石、珍珠陶石；其次为叶蜡石、绢云母、石英等，偶见绿安全帽石、绿泥石、伊利石、硬水铝石等；个别也有以叶蜡石为主要成分的，如芙蓉石、月尾石、连江黄等。普通的寿山石的矿物成分主要是叶蜡石、石英、硬水铝石、高岭石、地开石、绢云母，还有少量的伊利石、水白云母、铝绿泥石、绿泥石、红柱石等，亦见有黄铁矿、榍石、锆石等。

地开石：化学分子式为 $Al_4[Si_4O_{10}](OH)_8$，理论化学

成分为 SiO_2 占 46.5%，Al_2O_3 占 39.5%，H_2O 占 14.0%。结晶体结构为 1：1 型层状硅酸盐矿物。矿物成分以地开石为主的寿山石，质地细腻，结构紧密，透明度较强，颜色主要有灰白色、肉红色，具土状光泽，属寿山石中的高档品种。主要产于高山、坑头、都成坑一带。月尾山矿脉亦有部分出产。地开石的硬度多在 2.6 左右，密度在 2.5～2.7 之间，以 2.62 居多。

高岭石：英文名称是 Kaolinite，因我国江西省景德镇高岭所产质量最好而得名，它和地开石、珍珠陶石是同一族矿物，结晶体结构也是 1：1 型层状硅酸盐矿物。化学式与地开石相同，为 $Al_4[Si_4O_{10}](OH)_8$。寿山、高山产出的脉状高岭石以白色为主，致密块状，具蜡状光泽。善伯洞和旗降石中有较多的高岭石成分，虎口的高岭石脉多产于叶蜡石矿外围。

叶蜡石：化学分子式为 $Al_2[Si_4O_{10}](OH)_2$，理论上化学成分为 SiO_2 占 66.7%、Al_2O_3 占 28.3%、H_2O 占 5.0%。结晶体结构为 2：1 型层状含水铝硅酸盐矿物，即结构单元层由两个 Si-O 四面体中夹一个 Al-(O·OH) 八面体片组成，层间无吸附阳离子，仅靠微弱的范德华引力联结。

矿物成分以叶蜡石为主的寿山石多具油脂光泽或蜡状光泽。叶蜡石解理完全，薄片能弯曲，但无弹性，断口参差不齐或呈片状，具滑感。硬度为 2.32～3.05，多数小于 2.5。密度为 2.71～2.84，以 2.75～2.83 者居多。其层内结合较强，层间较弱，容易形成薄片。这就是为什么寿山石"柔而易攻"的原因。此类石以峨嵋矿脉产量最丰，其中有水铝石——叶蜡石型者，如芙蓉石，品质最优。

珍珠陶石：与高岭石、地开石同为 $Al_2[Si_4O_{10}](OH)_2$ 的变体，它的化学特性和高岭石、地开石相同。珍珠陶石常发现于田黄石、旗降石和坑头石中。

伊利石：是微量矿物，广泛存在于寿山石的许多品种中，在牛蛋石、连江黄、田黄石中均有存在。当寿山石含伊利石较多时，密度可达 2.9～3.1。

一般情况下，田黄石的矿物组成成分是珍珠陶石、地开石，但大部分田黄石是复合型，含有微量的伊利石。"银裹金"中的银色物为一层纯的地开石。外表为微透明的黑皮、肌里为黄色的"乌鸦皮"田黄石，其黑色系铁锰氧化物所致。

不同品种的寿山石因矿物成分不同，其表现出的性质、色彩也不同。由于寿山石主要是以高岭石类矿物和叶蜡石矿物为主的火山岩蚀变产物，所以，它还含有对人体有益的宏量元素和微量元素。据有关资料记载，自然界的 92 种天然元素中，有 81 种在人体内测出。据区域地质调查资料显示，寿山一带晚侏罗纪——早白垩纪火山岩中，含有主要微量元素 Sn（锡）、Mo（钼）、Pb（铅）、Zn（锌）、Cu（铜）、Ge（锗）、Ni（镍）、Co（钴）、V（钒）、Ba（钡）、Ga（镓）、Sc（钪）、Nb（铌）、Y（钇）、Be（铍）等，其中至少有 7 种（Mo、Zn、Cu、Ge、Ni、Co、V）为人体必需的微量元素，有一种（Sn）为后选的必需微量元素。

寿山石主要矿物成分简表

化学成分 \ 品种	SiO_2 二氧化硅	Al_2O_3 三氧化二铝	FeO 氧化铁	Fe_2O_3 三氧化二铁（全铁）	TiO_2 二氧化钛	灼碱
田黄石	46.27	36.69	0.04	0.72	0.04	7.05
水坑冻	45.43	38.79	0.05	0.12	0.01	14.55
都成坑	44.91	38.79	0.03	0.13	0.01	14.75
高山石	45.43	38.17	0.03	0.20	0.01	13.66
荔枝冻	45.28	39.33	0.03	0.08	0.01	13.88
善伯冻	44.84	38.78	0.02	0.18	0.01	14.30
旗降石	44.32	38.36	0.02	0.20	0.01	14.73
芙蓉石	62.49	29.88	0.01	0.06	0.01	6.80
党洋绿	56.42	32.67	0.01	0.28	0.02	7.98
连江黄	46.43	36.79	0.01	0.16	0.01	5.89

说明：寿山石主要矿物成分为地开石和叶蜡石。地开石的化学成分为 $Al_4[Si_4O_{10}](OH)_8$，叶蜡石的化学成分为 $Al_2[Si_4O_{10}](OH)_2$。但不同的寿山石所含的矿物成分与化学成分有所不同。

（资料来源：福建省地质科学研究所，1995 年。）

二、寿山石的分布与开采

1. 寿山石矿区概况

寿山位于福州市北郊的北峰山区，距福州市区36千米，地理位置为东经119°10′39″，北纬26°10′50″，海拔620～1130米，属福建省中部的丘陵。山中有村，名为寿山村，村落四周峻岭连绵，群山环抱，静谧清幽。这里夏季凉爽，冬季少雪，气候温和，四季如春，被誉为"女娲补天遗石"和"凤凰宝卵"的寿山石，就散落于此。寿山石也因产于寿山而得名。

地质学家勘探结果表明，寿山石主要分布在福州北部与连江、罗源交界的"金三角"地带，矿区以寿山乡寿山村为中心，向东北、东南两向延伸，至日溪乡和宦溪镇，北至党洋、东坪，南达月洋、峨嵋，西自汶洋，东至连江，方圆二三十里。矿区内群山林立，矿脉纵横。据地质勘探探明，矿区中的叶蜡石矿藏储量达千万吨，其中峨嵋矿床占一半以上，是我国最大的叶蜡石矿之一。寿山石是叶蜡石、地开石矿脉中之精华，散藏于矿层、矿脉或溪野沙土之中，资源稀少，勘查与开采皆不易。

寿山石矿区内的山脉概括为以下三支：

第一支：由寿山村南境向西北行，有旗山、柳岭、九柴蘭山、柳坪尖和黄巢山等。以出产叶蜡石或叶蜡石——地开石为主。石质细润，其中柳岭、猴柴磹两个矿段储量较丰富。

第二支：由西南向东北，至都成坑附近转向西北，止于狮头峰，有高山、坑头尖、都成坑等。以出产地开石为主，矿石呈脉状、透镜状或团块状，夹生于岩石裂隙之中。寿山的名贵冻石多出于此。

第三支：从高山分歧而向东南行，至宦溪乡的月洋一带再折向东北，直入连江县境。有峨嵋、加良山等。矿床集中在加良山，属纯净叶蜡石，质地细腻，矿层深厚。著名的"印石三宝"（田黄、芙蓉、鸡血）之一的芙蓉石就出产于此。

流经矿区的溪流主要有两条——寿山溪和江洋溪。寿山溪发源于寿山村北的贝叠，向东南流至铁头岭下与坑头溪水会合后继续向东南，直入连江县境。它是村中的主要水源，其中环绕内一外洋约8公里长的溪底及沿岸田底，埋藏着"石中之王"——田黄石，故寿山溪有"宝石溪"之美称。

江洋溪源于江洋东北麓，东南流经下寮、蔡岭，折回东北，至宦溪与源自芙蓉山的月洋溪会合，后流入连江县。溪流随山势而行，水因宽狭而转，水量颇丰。加良山麓现建成月洋水库。

寿山溪瀑布

寿山石矿分布图

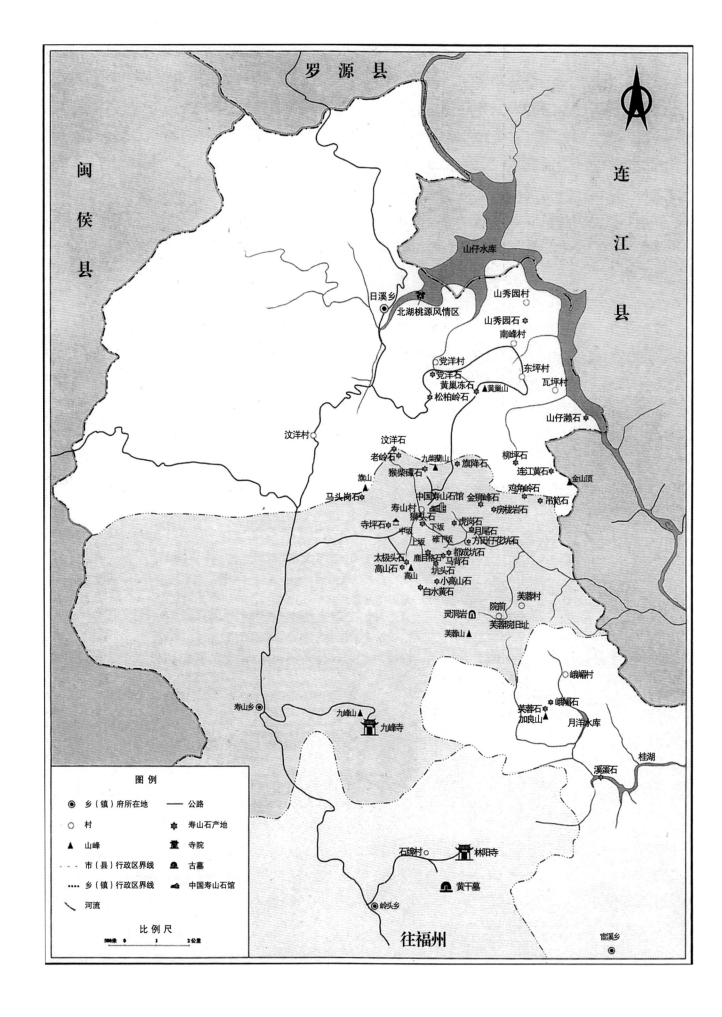

罗源县

闽侯县

连江县

山仔水库

日溪乡
北湖桃源风情区

山秀园村

山秀园石

南峰村

党洋村
党洋石
黄巢冻石
松柏岭石

黄巢山

东坪村

瓦坪村

山仔濑石

汶洋村

汶洋石

老岭石
猴柴磹石
旗山
马头岗石

九柴兰山

旗降石

柳坪石

连江黄石

金山顶

中国寿山石馆
寿山村
寺坪石
下坂
中坂
上坂
太极头石
高山石
鹿目格石
高山
坑头石
白水黄石

狮头石
碓下坂
虎岗石
月尾石
方田仔花坑石

金狮峰石
房栊岩石

鸡角岭石

吊笕石

都成坑石
马背石
小高山石

芙蓉村
院前
芙蓉院日址

灵洞岩

芙蓉山

峨嵋村

芙蓉石
加良山
峨嵋石

月洋水库

九峰山
九峰寺

桂湖

溪蛋石

石碑村
林阳寺

往福州

黄干墓

岭头乡

宙溪乡

图例

◎	乡（镇）府所在地	——	公路
○	村	✿	寿山石产地
▲	山峰	🏛	寺院
-·-	市（县）行政区界线	🏛	古墓
····	乡（镇）行政区界线	🏛	中国寿山石馆
\	河流		

比例尺

500米 0 1 2公里

2. 寿山石矿床分布

寿山产区是寿山石的主要产区，从地形上看是一个盆地，主要山峰有高山、旗山、老岭、九柴蘭、金狮公山。北面和东面海拔1000米以上的，还有黄巢山、柳坪和金山顶等。东面是一条流动的玉带——寿山溪。从福州寿山石矿分布图我们可以清楚地看出，该区域按寿山石出产地点名称划分，可分为两大产区：一是寿山产区，二个是峨嵋产区。

寿山产区：位于寿山——峨嵋晚侏罗纪火山喷发盆地的西北部。主要在寿山乡的寿山村及日溪乡的党洋、东坪、汶洋等村的群峦溪野之间。区内出露的酸性熔岩（石英斑岩或流纹斑岩）、火山角烁岩和凝灰岩等，多受侵蚀变为次生石英岩，矿床便发育其间。其矿脉呈不规则透镜状、脉状或团块状。少量矿石自矿体分离后剥蚀成小块状，经风雨迁移，散落于河底或埋藏于田地砂土中，形成各类"独石"（也称"掘性石"）。成矿方式多样化，属于火山热液充填交代型矿床。

峨嵋产区：位于寿山——峨嵋晚侏罗纪火山喷发盆地的东南边缘。主要集中于宦溪镇峨嵋村的加良山一带，略呈环形分布。区内出露的流纹质晶屑玻屑凝灰岩、含火山角砾凝灰岩、凝灰角砾岩和熔结凝灰岩，在流纹质火山碎屑岩中普遍发育次生石英岩。矿床存于其中，呈不规则大透镜体状、似层状或脉状，属于火山热液交代型矿床。

3. 寿山石的开采

寿山石的开采始于何时，至今未有定论。此事得由福州出土的南朝"石猪"说起。

1954年，在福州仓前福建师范学院桃花山工地，发掘了一座南朝墓葬，出土的殉葬品中，发现有石猪一件，高1.1厘米，长6.4厘米，作平地卧伏状，系用寿山石中的老岭石雕刻的，形制简易粗犷。在此后的数年中，又从福州各处的15座六朝墓葬中，陆续出土一批此类的"石猪"。到了1965年，更在发掘北郊二凤山工地一座古墓中出土了同类的"石猪"一对，同时出土的还有刻上"元嘉二十二年乙酉"字样的纪年墓砖若干。"元嘉"为南北朝时宋文帝的年号，"二十二年乙酉"为公元455年。由此可见福州寿山石的开采至少有1500年以上的历史了。

与此同时，又有一件老岭石材质的寿山石翁仲俑，从福州古墓中出土，形制与汉代的玉雕翁仲一样，一些考古学者推测为汉代的遗物。如果这个推测能得到证实，那么福州寿山石的开采史和雕刻史的年代上限，又将大大地向前推移。

历史上关于寿山石的开采，有文献可查的可追溯到南宋。宋淳熙九年（1182）梁克家编纂的《三山志》记载："寿山（在）稷下里……寿山石洁净如玉，大者可一二尺，柔而易攻，盖珉类也。五花石坑，相距十余里，红者、绀者、紫者，惟艾绿者难得。"编纂于宋理宗年间（1225—1264）的《方舆胜览》，将寿山石列为福州的著名土产，与荔枝、素馨、茉莉、海盐一并介绍。南宋著名文人黄榦的《寿山诗》中亦有"石为文多招斧凿"之句，描述的就是开采寿山石。这些宋时的文字，记载了同时代的寿山石开采的情况，极为可信。到了后代，一些文献更记录了宋时的开坑、造器等盛况。如清代高兆《观石录》有"长老云：'宋时故有坑，官取造器，居民苦之，辇致巨石塞其坑，乃罢贡。'"，毛奇龄的《后观石录》亦云："宋时故有坑，以采取病民，县官辇巨石塞之。"前后两册观石录讲的是同一件事，但细察起来，含意略有不同：前者说了开采寿山石中的官民矛盾，是民辇巨石塞了坑；后者说的是上下层官僚的冲突，即上方开坑取石，县官辇石填坑。但两说都肯定了宋时寿山石开采的盛况。只是由于石工和地方官员的抵制，所以南宋之后，曾经轰动一时的开矿工程停歇了很长一段时间。清康熙朱竹宅的《寿山石歌》说"南渡以后长封缄"，当指南宋后期开矿业衰落的状况。

福州宋墓出土的随葬石俑颇多，石村除老岭石外，还有猴柴磹石、高山石，甚至有牛角冻、月尾、艾叶绿等上品，形制高大，有的石俑高竟达40厘米。实际情况也证明了宋朝曾出现寿山石开采的高潮。

元明之时，已不是官家组织的大规模采石活动，但寿山农民在耕作之余采集寿山石仍无断歇。珍贵的田黄石就是在明时被发现的。清代施鸿保的《闽杂记》载："明末时有担谷入城者，以黄石压一边，曹节愍公（曹学全）见而奇赏之，遂著于时。"寿山一带寺院的僧侣也采掘寿山冻石，并雕成香炉、佛珠等用品，馈赠四方游客。据载，寿山乡广应寺在明代香火甚旺，寺内收藏寿山石颇丰。崇祯年间寺院毁于火，后人在废墟里挖掘出各种寿山石，皆明代僧侣所藏旧物，故称寺坪石。可见在明代，寿山的田坑石、坑头洞、水晶洞以及高山洞等均已全面开发。当年僧侣在高山峰开凿的和尚洞、大洞等遗迹至今尚存。

到了清初，由于国家的统一和商贾、权势者的介入，寿山石开采再度兴盛，出现了寿山石开采历史上的一个新高潮。先是民间的采掘，《后观石录》记载："康熙戊申（1668），闽县陈公子越山，忽赍粮采石山中，得妙石最伙，载至京师，售十金。每石两辄估其等差，而数倍其值，甚有直至十倍者。"寿山石自此扬名中外，身价骤增。此时靖南耿王精忠镇福州，对于寿山石的索取，表现为掠夺性、破坏性的开采。"强藩力取如输攻⋯⋯日役万指佣千工。掘田田尽废，凿山山为空，昆冈火连三月烽，玉石俱碎污其宫⋯⋯况加官长日检括，土产率以苞苴充。"（清·查慎行《寿山石歌》）官长为了充肥私囊，加紧搜刮，造成了寿山乡田地荒废，山冈坑凿空，迫使数以百计的石农无以维生。

后来耿精忠叛清，清朝派了康亲王杰书率兵入闽平叛，八闽一时成了杰书的天下。此人及其部属对寿山石的开采更是变本加厉。《后观石录》载："自康亲王恢闽以来，凡将军督抚，下至游宦兹土者，争相寻觅。⋯⋯于是山为之空。""凿山博取，而石之精者（随之）出焉。"这时，寿山石的品种空前丰富起来。"石有类玉者、珀者，玻璃、珷玞、朱砂、玛瑙、犀若象焉者。其为色不同，五色之中，深浅殊姿。"（清·卞二济《寿山石记》）寿山石的品种在前后观石录中记述的已有数十种。清代福州学者郭柏苍在其《葭跗墓堂集》和《闽产录异》中列举了在清中叶嘉庆年间，其亲见的寿山石品种亦达20余种。但到了晚清，寿山石的开采又消歇下去。

民国期间，寿山石的开采逐渐复苏。据有关资料记载：1917年，寿山一年出产雕刻用石3000斤，每百斤售价约银圆50～100元。出产供建筑用的粗石约1万市斤，每百斤售价约1.5银元。出产工业用石粉6万市斤，每百斤售价约1.2银元。寿山石的经济价值引起了科学界的广泛关注。1917年，矿务工作者梁津首次对寿山石矿进行科学性调查，并编写了《闽侯县寿山及月洋冻石矿》一文，记录所得寿山石标本品种50种，采掘坑洞达140余处。1937年，福建建设厅矿业事务所技术员李歧山也深入月洋等矿区勘察调查，编写了《闽侯县月洋等地印章石矿调查报告及开采计划》，对月洋、峨嵋、芙蓉三矿区的地质、矿量作了详尽介绍。

但是自抗战爆发后，寿山石的开采一落千丈。这种情况一直延续到新中国成立之后。进入20世纪80年代，国家实行改革开放政策，寿山石名闻海外，石价跃升，高过了以前的几十甚至几百倍，开采超过了历史上任何一次的采石热潮。最兴旺时，全乡除了老幼外，所有男女都上山采石，出产品种已达百来种。许多数十年无人问津的老坑，如都成坑、水晶洞、月尾石、善伯洞、连江黄等等，也恢复挖凿，陆续开始出石，惟材多不大。断产许久的芙蓉石也恢复出石了，还出现了寿山石开采史上从未有过的上等好石荔枝洞等。此时，又一次掀起了挖田黄热，而且给村民带来了很好的经济效益。正如金石家潘主兰先生所言："往时尚见竹篱茅舍，今已高楼广厦，美轮美奂遍一村。玉宇风清，石得时愈显。"

为加强矿山的管理，根据《中华人民共和国矿产资源法》，1988年福州市郊区成立"矿产资源开发管理办公室"（1997年改设"福州市晋安区地质矿产局"），对寿山石的开采实行申请登记制度，有效地遏制了滥采乱挖的混乱现象，科学有序地规划寿山石资源的开发。针对寿山石属稀有名贵品种不可再生这一特点，福州市人民政府于2000年4月24日颁布了《福州市寿山石资源保护管理办法》，提出统一规划，合理布局，科学开采的开发利用原则，并划定寿山石、田黄石的保护区，严禁破坏性开采，从而使寿山石资源的保护和开采管理走上了规范化、法制化的轨道。

三、寿山石的分类与命名

在宝石、彩石学中,寿山石属彩石大类的岩石亚类。历史上对其种属分类和石品命名十分复杂,有以产地名,有以坑洞名,也有的按石质色相而命名,名目逾百种。

南宋淳熙九年(1182)梁克家编纂的《三山志》中载:"寿山石,洁净如玉,大者可一二尺,柔而易攻,盖珉类也。"又云:"五花石坑,相距十数里,红者、绀者、紫者、鬃者,惟艾绿者难得。"这是文献中最早以"寿山"作为石名的记载。

"珉",似玉之美石。由此可知,宋时的"寿山石"乃系寿山一带出产的似玉的美石的统称。至于产石的坑洞,文中仅提及"五花石坑"一处,石种以色区分,而"五花石坑"究竟在何处,至今尚无定论。

清初,由于寿山石的新矿洞不断被发现和开采,社会上赏玩、收藏寿山石之风盛行,原先那种简单的以色命名的方式已无法适应日益丰富的花色品种的需要,于是出现了以坑洞分类,以色命名的方法。这时,高兆的《观石录》和毛奇龄的《后观石录》中提出了"三坑分类法",对后人科学分类寿山石起了深远的影响。

随后,经寿山石研究家、地质工作者的不断充实和完善,逐渐形成了以坑别分大类,以产地定石种,辅以矿洞、色质的品类命名方法,通常称为"三系五类法",为海内外鉴藏界所普遍认同。1999年初,福建省技术监督局为规范寿山石的品种命名,颁发了《寿山石雕石种名称标识规定》(DB35/313-98)。

1. 三坑分类法

清代是寿山石雕艺术的繁荣时期,不仅寿山石雕作品内容丰富、技法成熟、流派形成,而且产生了历史上最早的的寿山石专著:高兆的《观石录》和毛奇龄的《后观石录》。

高兆,字云客,自号固斋居士、栖贤学人,原是明朝崇祯年间的生员,在江浙一带做幕僚。明朝灭亡后,高兆从江左回乡,从此不入仕途。虽然生活穷困潦倒,但仍著书不辍。《观石录》是他回乡后第二年写的书。据他自己说,写这部书的动机最早来源于身边名流学士"终日讲论辨识"寿山石,那种"接文采则增荣,共欣赏则无倦"的情景,令他"慕悦莫致,往往命驾,周览故人之家",并"忆其所见,录为一卷"。于是寿山石历史上第一部专著就这样诞生了。《观石录》全文仅2700余字,尽记他在十余位朋友家中见到的140余枚寿山石的情景。他对寿山石的形状、色彩、特征等都作了淋漓尽致的描写,还介绍了当时的一些石雕艺人和技法,是一册空前的寿山石美文,也是一部寿山石文化的珍贵史料。

《观石录》中提到寿山石"有水坑、山坑"之分,但对水坑、山坑的石种并未标名、分类,只笼统地说道:"石有水坑、山坑;水坑悬绠下凿,质润姿温。山坑发之山蹊,姿圜然,质微坚,往往有沙隐肤里,手摩挲则见。水坑上品,明泽如脂,衣缨拂之有痕。"这是最早以坑分类的记载,在300余年前,高兆就提出这样的观点,实属不易。

毛奇龄,浙江萧山人。是清初的大文豪,中过康熙年间的博学鸿词科,担任过翰林院检讨、明史馆纂修官等职,除《后观石录》外,还著有《四书改错》、《西河诗话词话》、《竟山乐录》等著作。康熙二十六年(1687),他客居福州开元寺时,也对寿山石情有独钟,成为了寿山石收藏家和鉴赏家,写出了继《观石录》之后的第二部寿山石专著——《后观石录》。书中除了对寿山石的色彩、质地、雕刻技艺等方面进行深入细致的描写外,还提出了"以田坑为第一,水坑次之,山坑又次之"的观点。后人将这种提法简称为"三坑分类法",并依此法把寿山石分为三大类,即田坑石、水坑石、山坑石。

2. 三系五类分类法

"三坑分类法"是按照寿山石所处的坑洞的性质划分的,其涵盖的石种主要分布在寿山产区的高山地带。随着地质勘探技术的不断进步和新石种的不断发现,原有的"三坑分类法"渐渐显得有所局限,无法系统地概括所有寿山石品种。1991 年,原福建省寿山石文化艺术研究会会长陈石先生在他的《寿山石图鉴》一书中把

毛奇龄提出的田坑、水坑和山坑归纳为高山系,把高山之外的旗山和月洋产区所产的寿山石作为独立的两个系,提出了"三系五类分类法",即高山系、旗山系、月洋系三大系,田石、水坑石、山坑石、旗山石、月洋石五大类。

3. 矿物组合自然分类法

"矿物组合自然分类法"是福建省地矿局高级工程师、《福建地质》主编高天钧先生,根据寿山石的矿物成分组合的不同,把寿山石分为地开石型、叶蜡石一地开石型和叶蜡石型。

在"寿山石的矿物成分"一节中已经介绍过,寿山石的主要成分是地开石、高岭石、叶蜡石、绢云母、珍珠陶、石英等。鉴于地开石和叶蜡石这两种成分是影响寿山石品质的重要成分,所以高天钧先生结合自己长期的研究实践,根据地开石和叶蜡石在各种寿山石中所占的比例大小的不同,将寿山石分为地开石型、叶蜡石——地开石和叶蜡石型三大类,然后再根据每一类型中,不同的寿山石种所占的其他矿物成分的情况进行组合配对,形成在类型中的小复合类型。

地开石型:以地开石为主要成分的寿山石。其质地细腻,结构紧密,透明度较高,是优质寿山石的主要类型。这类寿山石主要产于高山、都成坑、坑头及上坂、中坂一带,善伯洞、旗降、松柏岭等地亦见出产。其主要组

合有:地开石型、地开石——叶蜡石型、珍珠陶石——地开石型;次要组合有:高岭石——地开石型、伊利石(绢云母)——地开石型、石英——地开石型。

叶蜡石——地开石型:是山坑石中的主要类型较多出露在旗山、大山、月尾、善伯洞、都成坑、高山等地。其主要组合有:叶蜡石——地开石型(二者成分相近)、绢云母——地开石——叶蜡石型;次要组合有:水铝石——叶蜡石——地开石型、绿泥石(绿帘石)或铝绿泥石——叶蜡石——地开石型。

叶蜡石型:主要是工业矿石,其中较好的部分可以做印章石或雕刻石。根据矿物组合,该类型还可细分为叶蜡石型(月尾石、芙蓉石、连江黄石等)、叶蜡石——水铝石型(芙蓉石等)、叶蜡石——石英型(柳坪石)。其主要组合有:叶蜡石型、石英——叶蜡石型、硬水铝石——叶蜡石型、叶蜡石——地开石型;次要组合有:高岭石——叶蜡石型、绢云母——叶蜡石型、铝绿泥石——叶蜡石型。

4. 石种命名

寿山石有一百多个品种,每一个品种的名称背后都有着耐人寻味的故事。寿山石品种的命名丰富多彩,五花八门。有依山峰、飘落、寨塞、洞址而命名,有依石头质地、色彩、纹理而命名,还有根据始掘之人而命名。给寿山石命名的人,有目不识丁的村夫野老,也有才高八斗的文人墨客。一片石,一部书,一个名字,一个故事。所有这一切都为欣赏寿山石拓宽了想象的空间,增添了无限的情趣。如田黄中的黄金黄、橘皮黄、桂花黄,高山中的牛角冻、荔枝萃、红芙蓉、黄芙蓉,旗降中的银裹金旗降、紫旗降,真是闻石名香满堂,石未见而口

生津;花香、果香沁入心脾;佳肴美味,令人垂涎。再看山峰和动物结合者:蛇瓠、虎岗、鹿目、鸡角岭、马头岗、鸡母窝、虎嘴老岭等等,令人感到群山之中虎踞龙盘,乡村田野,鸡犬相闻。还有以人物身份、职业和姓名而命名的,如将军洞、尼姑楼、和尚洞、善伯洞、世元洞等等,上至叱咤疆场的将军,下到贩夫走卒及至跳出三界之外的僧尼,居然都把名字刻进寿山石。此外,"四股四"石,显示着股份制生产模式的简洁明了和生动;"鬼洞石",又让人感到一股阴森之气扑面而来;至于"饭桶石"之类者,其俗之至,就让人忍俊不禁了。

第四章 | 附 录

一、寿山石的保养和收藏

1. 寿山石的保养

寿山石的保养是寿山石文化的一个重要组成部分。绚丽多彩的寿山石在常温的自然环境中，石形不易变，石色不易改。但从阴暗潮湿的地底深处到暴露于阳光灿烂的世界，要使其焕发出美丽动人的色彩，养石与护石便十分关键。

寿山石属叶蜡石，质地滋润晶莹，但硬度较低，再加上现代的开采手段往往使其内部结构遭到严重的破坏，多裂纹，多震格，日久天长石头就会枯燥崩裂，失去其原本的光彩。寿山石的养护虽然简单方便，但并不是没有忌讳。依石头不同的质地、密度、硬度、蜡性等特点，所以保养的方法不尽相同。根据笔者的经验，简单概括几点养石的要点：

首先，应保持湿润。一般来说，新挖掘出来的矿石，切忌在阳光下暴晒或暴露在高温环境中，应及时用砂土覆盖，再浇上冷水以保持其润泽。其次，在开料成印材时，以往石农多用手锯，在锯的过程中浇上水，以使石料与金属间的摩擦产生的热量降到最低，避免石头二次开裂。现代工业化发展迅猛，如今锯印材多用电锯。但一定要用水锯，而且在锯料的过程中动作要缓慢，切勿急于求成，谨防燥裂。如需在砂轮上打磨成型，则应准备一盆冷水，待石料摩擦过热时，要迅速泡进水中使其降温。第三，在雕刻的过程中也应防止石头温度过高，如汶洋石、松柏岭石等石性不稳定、受热易开裂的石种，在雕刻印钮时应留出雕刻的部分，手抓住的地方用保鲜膜包起来并以胶带固定，这样也是为了避免手握的地方过热而造成石头开裂。第四，雕刻成品的寿山石宜在室内半密封陈列或放置于木质盘盒中收藏。在陈列柜中应放置一杯清水以增加湿度。石表被灰尘或污物沾染时，素章只要用细软的绸布轻轻擦拭即可，可如果是花鸟、动物、人物、山水等题材的雕件则还需准备细软的毛刷，切忌用粗硬的塑料刷进行清洁，以免划花作品。

寿山石的保养材料一般用油和蜡。因为寿山石是以地开石（集合体常具蜡状至玻璃光泽）、高岭土（集合体常具珍珠至玻璃光泽）和叶蜡石（蜡状至玻璃光泽）等为主要矿物成分的石种，硬度较低（一般为摩氏2～3

度），多油性，质地滋润，富有光泽。行话中常说的"水头"，其成因是寿山石是以一些含水的层状硅酸盐类矿物为主要成分构成，因此爆破开采震动和阳光高温暴晒都会导致吸附水和沉积水丢失的机会增加，原本美丽的寿山石色就会变得黝暗无光，微小的裂痕将进一步扩大，甚至还会在表层肌理出现白色渣点。所以在日常的养护中应辅以适当的油养、上蜡，以防止水分丢失，并增加水分和油性。

在用油养石时，不是什么油都可以用，最理想的是陈年白茶油。茶油经过一两年以上时间的沉淀后其上层白色透明的部分清纯又不粘手，且有淡淡的茶香，沁人心脾。现在市面上有专供寿山石等使用的保养用油，它是精炼野山茶油，叫"保养油"，这种油十分透明清纯，几乎无色、无气味，也不粘手，一买即可使用，十分方便。东南亚一带的藏家喜欢用精制橄榄油养石，效果也很好。国内也有人用护发油养石，虽然其又白又不粘手，但护发油一旦打开放置时间长了后易发黄并有异味，就不能用了。另外，切忌用花生油、芝麻油、动物油之类的油脂来养石，因其色黄，又粘乎，会影响寿山石的光泽，使石色暗黄无光。

用油要适量，再好的油也不能多用，有些人把刻好的寿山石作品长期浸泡于油中，这种做法极不科学。由于油的渗透力和压力，浸泡将使油进入石头内部，令其更加通灵，但长期浸泡则会使石的色彩变灰暗。当然，浸泡时间的长短应根据石头的性质以及藏家积累的经验和心得决定。

用蜡养石主要用于石性较松或易于开裂、或较硬且蜡性强的三种石。一般密度低、性松软的石用油养一段时间后又会变得干燥，反反复复不能达到保养的效果，即可采用上蜡的方式进行处理。蜡有两种，一是软蜡（如蜂蜡、白蜡），一是硬蜡（如川蜡），可两种混合进行保养。上蜡的一般步骤是：先清洁作品表面，然后给石头全面预热，而后加热，这需要极高的技巧、丰富的经验以及对石头性质的了解，切不可随意加热，否则将适得其反。对于开裂多、细纹多的石头，先用软蜡使其渗透石头表层，遮盖一些细小的裂痕以及二重裂格。再擦去表面多余的软蜡，在表层打上薄薄的一层硬蜡，以锁住石头的水分。硬蜡不要打得太厚，否则将影响石头特有的光泽。对于寿山石中石性较粗、较硬、不透明的石种，如老岭石、柳坪石等，最好进行一次性混合上蜡指光技术处理。打蜡后石性便变得稳定，无需再进行油养。对于芙蓉石中特别滋润、洁白、细腻的蜡性高的石种，如上油会使其渐渐变得灰暗，失去光彩，因此宜在抛光后常常用手摩挲把玩，使石面附着一层极薄的手油，即所谓"包浆"，久而久之，石质将古意盎然。不玩时，应及时存放于特制的木盒或锦盒中，包裹上细绸布，放置于阴湿的柜里。

以下根据笔者个人多年的收藏经验，对于多种寿山石的养护作分别归纳，供大家参考。

田坑石。由于水化、酸化程度彻底，石性稳定，温润晶莹，无需过多地抹油，只需时常摩挲把玩，二至三个月可轻揉一点白茶油或婴儿护肤油。把玩后放回柔软锦盒内，让其静养。掘性的独石（如鲎箕石、掘性高山朱砂、掘性善伯等）可适当多用些油。

水坑石。质坚通灵，水化程度较高，以色清为贵，胜在凝灵晶透。只要认真打磨揩光，经常以手把玩，不必时常擦油。

山坑石。山坑石，尤其是高山石，石质通灵，色彩丰富，鲜艳多彩，但由于水化程度不足，酷暑炎热、秋冬干燥，水分皆容易丢失，因此要经常用油，俗称"财主石"。如新性太极，宜半个月上一次油。石性较松的高山石，开始时应一两天即上一次油，半年后石性稳定便可延长上油时间、减少上油次数。月尾石需七天保养一次。汶洋石十天一次。都成坑石和旗降石因石性坚实稳定不必油养，多上蜡保护，荔枝洞石、鸡母窝石应经常把玩，偶尔用油。新性荔枝洞石最好一个月上一次油，新性太极头石半个月上一次油，山仔濑和连江黄石需上蜡后适当抹一些油。上油时可选用柔软的油画笔、毛笔或脱脂棉沾些白油，均匀涂在石雕作品的各个部位，即可使作品益增光泽。

最后还要注意选择放置的方位。应尽可能选择避免阳光直射和高温环境、风口处（如窗边），要选择阴湿的方位。

上述寿山石的保养，要用科学的方法以及日积月累的个人经验，才能日益完善。笔者的感悟是：养石，其实贵在养心。

2. 寿山石的收藏

对于寿山石的收藏，首先要喜欢寿山石，才能谈得上收藏。随着中国经济的迅速发展，文化消费的时代也随之而来。无论从事哪种方式的投资都存在风险，所以要多学习、多思考、多研究、多分析，不要一味地追求高额的回报，而忽略了隐性投资成本。如果你喜欢寿山石，那么你花费大量时间去研究和欣赏应该是一种享受；如果你只追求经济效益，这将是一种成本高昂且效果不佳的痛苦过程。我们应该更加重视收藏本身的乐趣，这样才能给你意想不到的收获。对于收藏者而言，刚开始可先拿小金额进行尝试，再逐步总结经验，切勿盲目跟风，以免大伤元气。

事实上近几年寿山石的行情过度走高，投资也呈现出一定的非理性状态，所以笔者认为收藏时应摆正心态，这才是至关重要的。大自然的资源是有限的，因此价格永远都是有空间的。

上蜡

上油

打磨

磨光

二、寿山石缘

石能通灵

在福州这块土地上，大自然赐于的奇珍异宝与人间慧心巧手的遇合，成就了一部寿山石的传奇史书。

寿山石文化不只是一门雕刻的艺术，它包括选矿、采石、买卖、雕琢、篆刻、陈列、赏鉴、收藏等各个环节所沉淀下来的文化内容，从制度到习俗，从知识到经验，从技艺到人文。上至帝王，下至士夫、工匠、乃至石农、商贾，历史上有无数人都曾为寿山石文化做出过贡献。尽管行内有"石出寿山，艺出鼓山"的说法，但寿山石文化并不拘囿于福州行政区，影响所及北至京华关外，南至南洋诸国。

寿山石在当代的文化热最突出地表现在收藏和交易热上。收藏可以仅仅为投资，也可以不单纯地为投资。前一种收藏方式是短期的，以赢利多寡判断资本投放决策的正确与否，这种收藏其实与商战无异。后一种收藏较长期，建立在兴趣、职业本身的关联性基础上，像雕刻艺人、篆刻家、艺术爱好者，甚至学问家，这类人群投入到寿山石收藏上的资金一次性可能不大，但日积月累，长期投入，沉着持有，虽不讳言利益，却早已把收藏转化为一种学问，一种独特的生活方式，其中寄托了太多的审美情感和理想。中国人凡是讲究缘分，对于真正的寿山石藏家而言，尤其讲究可遇不可求。过手的东西好坏，全凭眼力，因为懂得，所以珍惜！如此深度浸淫，收藏才逐渐转入"人石不分"的奇妙境界。

若说吴美英与寿山石的缘分为何如此之深？主客观条件有四：一是她在石雕行业四十余年，慧眼了得；二是雕琢打磨功夫甚佳，能化腐朽为神奇；三是审美鉴赏力一流，能看出寿山石多样性的美；四是手脚勤快，常跑矿区和交易市场，能第一时间接触到原石。自然，这些条件其实都建立在她对寿山石本身的痴迷热爱上。

从一个普通雕刻工做起，吴美英因为爱上石头而开始研究石头，她逐渐把寻找、收藏和品鉴寿山品种石精品当作一项事业来做。所谓爱至切则执著深，多少年来，大家知道她的最爱，也知道她在买石头方面不惜花钱，

所以有好石就通知她，她也就常常为一块心爱的石头往来奔波，如痴如醉。这已与钱无关，与风雅无关，这是一种不得不干的事情。原石买回之后，如何锯料，如何琢磨，如何依据纹彩和质地来命名，甚至如何养护，这些事都费工劳神，但她乐在其中。一件件作品就是她眼里的奇迹，百摸不腻，百看不厌。无数的光阴就这样在摆弄石头中度过，所有的烦恼和劳累都被她抛到脑后，收获的是万金难买的心静神怡！古人说的"石令人古"、"石令人静"、"石令人寿"，便是这般道理。

吴美英收藏的寿山品种石精品究竟有多少块，她自己也说不清楚。寿山石色彩斑斓，质地温润，不同矿洞出产的石种从外形、色泽至肌理都有其独特之处，甚至同一矿脉在不同矿层和不同年代里开出的石种也变化多端。辨识是赏鉴的基础，清人首次提出"山、水、田"三坑之说，至今仍被沿用。后来亦有以地名、石色，以开采人名和开采方式来区别命名石种的做法，至此，坊间流行的寿山石品名有一百四五十种之多。分类细致自然是知识走向专门化的必然趋势，但也给一般爱好者制造了过高的"门槛"。吴美英将毕生所藏寿山品种石编辑成书，以图文并茂的方式解说每块石头的特点以及每个石种丰富多彩的变化，这是极重要的知识和经验，无疑对所有的寿山石爱好者来说都是大有裨益的！

我有幸两三次被吴美英邀请到家欣赏她的珍贵藏品，过程美妙无比。她像个魔术师一样不断从柜子里拿出各式章料，美者美不胜收，奇者奇妙无比，神者形神兼备，妙者妙不可言，绝者仿若天成。仅凭肉眼和手感的直观感受，外行也能判别她的藏品属于石中绝品。自此，我信了"石能通灵"这句话了。

邱春林（研究员）

壬辰中秋

于北京　中国艺术研究院工艺美术研究所

幼稚的快乐

翻阅吴美英的《中国寿山石全品种图谱》样书，解开了我心中的一个谜：为什么曾经有人出价1个亿要收购吴美英的全部寿山石，她不卖。

都说，人生一世，入哪行都讲究个缘字。40年前嫁入秀岭村冯家，吴美英不曾想到，生活的坎坷与艰辛将她引入寿山石雕这个很小的圈子。她在寿山石中寻找到依靠，寻找到慰藉，寻找到生活，寻找到希望。然后，她把自己嫁给了寿山石。

常有人问，"美英姐，你最近都干啥呢？"

她回答："孩子太多，要养。"

"你有几个孩子？"

"寿山石就是我孩子，你说有几个？都要我劳心费神去瞅它、摸它、养它、疼它。"

多少年了，她常跟子女说，你们也得陪我出去走走，好好玩玩。可是一觉醒来，睁开眼睛，从床头到楼梯口，大大小小的寿山石绊着、拖着、拽着、缠着，哪还容得她抽出心思惦记起好好玩玩那么好的事。

吴美英收养着数以千计的寿山品种石，令人惊讶的是，每一方寿山石的来历，在她的记忆里仿佛是昨天经历的事。20世纪70年代初，她从一位年近古稀的寿山老石农处淘到两方不多见的品种石，老人见她真的喜欢，告诉她："自己留着玩，别卖。这石头找不到了。"这石头，她留到今天。也就是从那时起，她开始搜集寿山的品种石，至今还常常为了一块石头茶饭不思，仿佛为窈窕淑女而寤寐思服。

传说，寿山石是凤凰下的蛋。凤凰下蛋是很久很久以前的故事，今天外行人第一眼能看到的，比如田黄，还就如鹅卵石一般。寿山石业内有一种说法：伯乐相马，要有看到骨骼的本事。相石亦然，要有透过石皮，看穿石心的内行。美英相石之精，在寿山石市场上名气不小。她抓在手里多看几眼的石头，卖家常常要重新评估一下价值。曾经为了一块市面上不太值钱"连江黄"，她跟卖家软磨硬泡了两个多月，卖家终究没能从别人那儿争取到一个好价钱，只好相让。这一块"连江黄"对吴美英来说太值钱了，这是"连江黄"的极品。"石头的价值对于不同的人是不一样的。"她说："区分寿山石的

品种，区分外来石与寿山石，经常需要从它的缺陷着眼，因此，缺陷在别人那儿掉价，在我眼里就可能升值。"那块"连江黄"因为有裂痕，在别人眼里就不值钱。在吴美英眼里，裂纹是"连江黄"的标志性缺陷，是它的个性，是它的重要符号。同时，又因为裂纹少，带有与"田黄"极其相似的"萝卜丝"及难以辨别的视觉质感，因此它成为极其少见的"连江黄"经典，价值不菲。两个多月睡不好的觉，终于可以慢慢补上。

吴美英相石，总有她自己的说法："读懂石头，能跟它对话，才能与各种石头结缘。"多少精品，她是在很普通的石头里"读"出来的。"牛蛋"在寿山石里不算什么值钱的品种，吴美英用"牛蛋"创作的《清明上河图》，玲珑剔透，买家出了大价钱要收购。在她家，还能见到一件"二号矿"的圆雕，大块的粗石中藏着一只灵动的小白鹤，给人一种世上已千年，洞中方一日的仙家感觉。"买寿山石不是只选贵的，这块石头就买得很便宜。"美英说："买下它时，我已经看到了这只小白鹤，我已经跟它约好了。"只选对的，不选贵的，说起来容易做起来难。

在她的品种石展示柜里，有一块"二号矿"的绿色晶冻，几乎能颠覆人们先前对"二号矿"的解读。它原本是一块双手抱拳大小，普通得不能再普通的寿山石"二号矿"而已。然而，就因为一个绿豆大小的"眼"，令吴美英出手拿下这块不起眼的石头。"二号矿"特别坚硬，她亲自动手，一刀一锉，硬是将只有拇子大点的绿色晶冻给剥离出来，成为自己收藏的品种石经典之一。能将经典从普遍中剥离，是读石之妙处，是吴美英与寿山石相伴相依40年的相知。

丈夫说："见到石头，她能什么钱都花个精光。"

她回答："我又没让家里一天吃两餐。"

女儿说："只要有石头陪我妈，她能把我们都忘了。"

美英说："其实没那么夸张，是孩子我都爱。"

外孙女说："拿起石头和刻刀，奶奶的笑容就像老小孩。"

20世纪90年代初，两万多元是多大的钱。吴美英

花这么大的价钱买回来的"高山"，锯开来却跟蜂窝似的，说是交学费。其实哪有不心疼的，心疼得令人吃不下饭。当然，博到好石头的机会对她来说相对多些，但一样吃不下饭，乐的。因为这个缘故，她在锯石头前总是先把该吃的饭吃完再动手，免得悲喜伤食欲。

黄的富贵、绿的文雅、红的吉祥，这是寿山石文化的社会属性。有的文、有的武、有的会撒娇，这是寿山石文化的品格属性。也许可以这么说，《中国寿山石全品种图谱》是吴美英这一生与寿山石的谈话录。当人们抱着寻找商品价值的目的进入书中，面对一方方寿山石仿佛走过 T 台般的展示，你会渐渐地淡忘原本对于寿山石的价值取向。当人们在书中更进一步与吴美英聊起她珍藏的石头，她可以告诉你好多石头的个性、品行，就好像跟朋友闲聊自己子女。也许，当你最后合上《中国寿山石全品种图谱》之时，你可以悟出寿山石脱离于商品属性之外的美的价值、个性的价值。这时，当你拥有一方因为某个特点而让你心仪的寿山石之时，虽然它不是价值连城的田黄冻、荔枝翠、芙蓉精之类，却一样可以体验到犹如孩子们在乱石滩上捡到自己喜爱的鹅卵石一样的快乐，一种单纯的、甚至是幼稚的快乐。

合上琳琅满目的《中国寿山石全品种图谱》，我试图为吴美英总结她的大半辈子人生。干涸、蜿蜒的河道，鹅卵石从眼前一直铺向远方。仿佛，这满河滩的鹅卵石就没有个尽头。一个穿着朴素的姑娘坐在河滩上，弯着腰，仔细地寻找她心中的石头，寻找她心中的色彩，寻找她单纯而幼稚的快乐。40 年寒来暑往、40 年春风秋露，她眼前的石头依然无际地延伸。她的身后，却是色彩斑斓的寿山石，它们沿着她前行的轨迹，亦步亦趋，拉出一线彩带。当她抬起头时，你能看到她的笑容，跟 40 年前姑娘出嫁时一样，带着一脸单纯和稚气的快乐。

肖东
（福建日报记者）

感悟寿山石

　　拿起许久未曾提起的笔，又放下，再拿起，是我心使然，许久未曾有过的写作冲动，许久未曾有过的激情，来感受我生命中接触到的人间美丽精萃——国石"寿山石"，我们伟大的中华民族传承了一千多年的璀璨文化，从古至今有多少文人墨客，用穷尽之极的语言赞美过它的美丽，笔者怕是无法比及，但我无论如何要用虔诚的心去写下我心目中的寿山石，我的感悟，我的爱。

　　上苍真的很偏爱福州，它把大自然最美的山之精华降临在福州这片土地上，举世无双，独一无二。外表如此朴实的寿山原石，朋友们，你们可否知道，你们真的可否知道它内在的美，美到极致。田黄之美，美在皇家风范；芙蓉之美，美在雍容华贵，五彩斑斓；高山之美，美在千变万化，韵味无穷；善伯之美，美在温暖宽厚；荔枝之美，美在沁人心肺，妩媚动人；晶石、冻石之美，美在晶莹剔透，清新灵动……细细品味每一种寿山石、每一件寿山石作品，你会发现寿山石是那样的惹人怜爱，她媚而不妖，艳而不俗，洗涤我们的灵魂。她有高贵典雅的富贵之美，令人不可企及；同时又是那么的平易近人，朴素大方。这是福州艺术家、福州的百姓用身心滋养出的艺术奇葩，至今已盛开千年。让我们真心的尊敬那些艺术家吧，他们赋予了寿山石生命，这生命中不仅包含众所周知的君子六德：细、洁、润、腻、温、凝，还在于那扑面而来的震撼你心灵的那种撞击，意夺神飞。当你近距离用心地和它对话，你能体会到艺术家赋予它的生命真谛，这种生命中洋溢着一种文化精神，我们中国人的精神：博爱、谦恭、质朴、自强不息。

　　带我进入寿山石世界的是著名的青年寿山石雕刻艺术家冯伟。我们从相识到熟识，从熟识到至交，从至交到兄弟，进而又认识了冯伟一家人，又由于冯伟一家人而感受到了寿山石的深厚文化积淀和它夺目的瑰丽光芒，他们家的每个人对我来说是那么的亲切。冯伟的憨厚和执着可以使老岭石变成他独特风格的作品"苦尽甘来"——其作如人，石头不华丽，作品却精彩；冯伟爱人小林，具有福建女人的贤惠温良；冯伟的姐姐冯敏就像我们身边可爱的邻家小妹，朴实纯厚；还有他们的表兄佳雨，勤劳睿智，待我待兄长一般。这里我要特别说的是冯伟的母亲吴美英女士——一个为寿山石而生的人。她对石头的爱是由灵魂而来的，她对石头的感悟是

与生俱来的，她赋予寿山石无与伦比的魅力，寿山石因她的创作而拥有璀璨的生命，而她的生命因寿山石而得到升华。她是当代当之无愧的中国寿山石创作鉴赏大师，她用毕生的积累和收藏、毕生的创作经验和体会撰写了足以传世的经典——《中国寿山石全品种图谱》，那不仅仅是一部书，也是属于她的高亢的生命之歌，超越了前人，超越了自我。她的身上洋溢着中国人的文化精神，她的胸怀、她的精干、她的善良、她的无私、她的热情、她的快乐，以及她豁达而坚强的人生态度，温暖感染着身边的每一个人。我衷心祝冯妈妈身体健康，永远快乐。他们就像我的家人一样注定是我生命中重要的一部分。

　　在现在浮躁功利的社会环境中，寿山石却时常给我一种天成于自然的平静，提醒我修正自己的浮躁之气，让我更加懂得了感恩和宽容——感恩世界，宽容他人。面对寿山石的美，我常想：赋予这种美至灵魂的人，心一定是纯净的，宽厚的，就像冯妈妈，低调而不平庸。人品如石品，外表可以平凡，内心却美丽高尚。其实观石越久，心越平静，越淡然。由激情无限到淡然面对，不是厌倦，而是爱。爱得越深，感悟便越深。爱寿山石，就要包容它的一切，包括它的瑕疵。然而突然觉得其实真正之爱甚至也包括放手，放开双手，敞开心胸，把寿山石之美献给所有热爱它的人。

　　让我们用一个宽容的心去拥抱这个世界，拥抱每个人吧，这就是我们中国人的精神——大爱无疆。感谢上苍，寿山石文化的博大精深感染着我，融化了我，包容了我，教会了我珍惜。寿山石将会伴随我今后的人生。我还没有范仲淹先生那种"先天下之忧而忧，后天下之乐而乐"的至高人生境界，也没有诗圣杜甫"安得广厦千万间……吾庐独破受冻死亦足"的博大胸怀，但我愿我们的国家国泰民安，繁荣昌盛。我愿天下的好人一生平安，愿冯妈妈一家平安，也愿寿山石文化这朵艺术奇葩，灿烂夺目，永远盛开！

2012 年 8 月　即兴随笔于北京

寿山石——牵起我和吴美英阿姨的石缘

1997 年，由于工作的原因，外派福建，常住福州市鼓楼区，在当时的金福小区租下了一套房，开始长达四年在福建的工作和生活。

每天从宿舍下楼上楼，都会发现一楼的储物间有一中年一青年两位艺人很辛勤地工作，看到他们不停地雕啊刻的，脚旁堆满了很多石头，在工作台上看到很多水果花篮、牛、猪等各种毛胚的造型。好奇心让我每每驻足不前，也激起儿时就喜欢石头的神经，经常会站在旁边看他们工作。时间长了，就相互搭讪起来，记得当时我问这些是什么石头，他们说是寿山石。我就指着地上的一块大石头，大约有二三十斤重，问道："这个是不是田黄？"年轻艺人笑言："如果有这么大一块田黄，我们都不用工作了。"这让我汗颜，我什么都不懂，就不停地问这个是什么石头那个是什么品种，才知道寿山石有太多的种类，五花八门，慢慢地知道他们是父子俩，慢慢知道他们姓冯，年纪大的是父亲叫冯其瑞，年轻的是儿子叫冯伟。看我经常站在旁边看，就问我是否喜欢这些石头，我说从小喜欢石头，也知道福州有产田黄，但是不懂，他们就说让我认识一位懂石的人，就是冯伟的妈妈，叫吴美英。

约好的某周日，冯伟带我第一次上他们家，见到了吴美英阿姨。热情的吴阿姨招呼我坐，给我倒茶端水果。由于不经常回杭州，一人长期在福州，很孤单，吴阿姨让我感受到家庭般的温暖，一下子拉近了距离。在我座位的四周的橱柜里摆满了各种寿山石，让我眼花缭乱，迫不及待地想看看。这时，阿姨拿出几件印章、把件让我欣赏，让我把玩，问我哪件好，哪件质地如何，我凭感觉一一回答了，阿姨听我说完后，耐心解释，我听得云里雾里。对寿山石我只知道田黄，想不到里面学问这么多，就斗胆提出是否可以向阿姨学习认识寿山石的知识？阿姨说刚才考了你一下，虽然你不懂，但你对石头有悟性，寿山石品种有三百多种，学习需要一个长期积累的过程，要吃得起苦，不然是学不成的。我赶紧说我从小喜欢石头，愿意跟着阿姨学习了解寿山石，当徒弟。"你要有决心和有兴趣可以经常来看、来学。"想不到阿姨爽快地答应了我。

接下来的日子，只要我一有空，就往阿姨家跑，不停地问这问那，阿姨总是不厌其烦地回答我的问题，甚至是很幼稚的问题。而我从一个只知寿山石有田黄的门外汉，慢慢地知道寿山石有田石、山石和水石的产区，有田黄、芙蓉石，有善伯、荔枝，有水坑冻、山坑洞石等，也开始下手买一些小件收藏，充实自己的寿山石知识。

这样经过了一年多，大约在 1999 年，阿姨说：你也懂得了一些石头知识，你要去实地考察了解寿山石的产地和情况，才能真正知道什么是寿山石，田黄是产在哪里的，这样才能提高你对寿山石理解的深度，阿姨亲自陪你去。哇，我开心极了，就在这年的春天，我驾驶着车，阿姨亲自陪我上寿山去实地观看寿山石的产地。当时到了山上，当地的村民个个都认识阿姨，，没有人不认识，我才知道阿姨在寿山上名气很大。这些村民看到阿姨上山了，都纷纷请阿姨上家里坐，拿出很多矿石让阿姨看，希望阿姨相中拿下。我看到这些还是矿石的石头，根本无法辨认这是什么品种石，阿姨却可以看出是什么品种，品相如何等种种问题。我站在旁边顿时傻了，原来我只是学了些皮毛，只能知道些已经打磨好的石头，根本无法辨别原矿石，而阿姨却能一针见血地指出石头的好坏，让在场人折服。我当时就觉得阿姨的眼睛就像 X 光线一样，能透视，可以把石头看得一清二楚，让我佩服得五体投地。

当天，阿姨陪我实地看了传说中的田黄石产地。在周围高山环绕的一块盆地上，在一片水稻田地的地方，当时没有种水稻，阿姨指着这块地方说上面是上坂田，这里是中坂田，下面是下坂田，一条小水沟般的溪水从田边流过，还有个亭子，周围有些农舍。在一块田地中，三四个人在深挖。我问阿姨他们在干吗？阿姨说在挖田黄。啊！这就是挖田黄！我好奇地快步走过去问有没有挖到田黄，他们说哪有这么容易的。我看看已经挖到了2 米多深，下面全是鹅卵石，已经挖了好多天，什么都没有挖到。阿姨说历史上这里已经不知道翻挖过多少遍了，能够挖到一块，甚至只有指头大小的田黄，都是运气。想不到一直想知道的田黄原来如此得之不易，难怪古代是"一两黄金一两田"，到当今的价格那更是"一克田黄几万元"以上的天价了。当时，我还捡了一两块他们不要的、有些黄颜色的石头，给阿姨看是不是田黄。阿姨说不是，哪有这么好的运气，你捡捡就有。哈哈，我真是想田黄想疯了。

到了 21 世纪初，听说我们当年看过的地方已经完全封闭保护起来，还建了一座寿山石博物馆，彻底把产田黄的区域用建筑物覆盖了，让后人只能在想像中去采挖田黄了。而我，由于有阿姨这个好的师傅，有幸实地考察了解了田黄的产地和现场采挖的过程，这可是一辈子的宝贵财富，我想很多见过田黄，但是未必个个都能实地考察和观看到采挖的现场吧，我觉得我是一个很幸运和有福气的人，当然这都是阿姨提供给我的因缘。

经过实地考察了解后，我对寿山石的理解进一步加深了，也开始懂得一石难得、一石难雕刻的艰辛和缘分，在阿姨严格而又亲切的教诲下，对寿山石的知识是越来越丰富，开始入了这个门。

2000 年以后，由于工作关系，我回到了家乡杭州，而和阿姨家的关系也越来越像亲戚一样，常年走动。是

寿山石这个五彩玉石，牵起了我和冯家和吴美英阿姨长达 15 年的不是徒弟胜似徒弟、不是亲戚胜似亲戚的今世因缘。

吴阿姨是为寿山石而生，是寿山石的守护神，理应为寿山石作出些贡献。今欣闻吴阿姨要出版《中国寿山石全品种图谱》，这真是名至实归，众望所归。

我心中一直存有感恩之念，在这里，通过这篇文章来深深地说声谢谢吴阿姨，是你让我了解和懂得了寿山石，让我和寿山石结下了一生的石缘。

郑重远
写于杭州填远茶社

作者吴美英与她的家人和石农黄日朝先生在都成坑矿洞探究矿脉走向

三、图录索引

田石类

012
黄金黄田石

013
橘皮黄田石

014-015
枇杷黄田石

016
桂花黄田石

017
熟栗黄田石

018
桐油黄田石

019
银裹金田黄石

020-022
田黄冻石

023
白田石

024
红田石

025
橘皮红田石

026
花田石

026
灰田石

027
黑田石

027
乌鸦皮田石

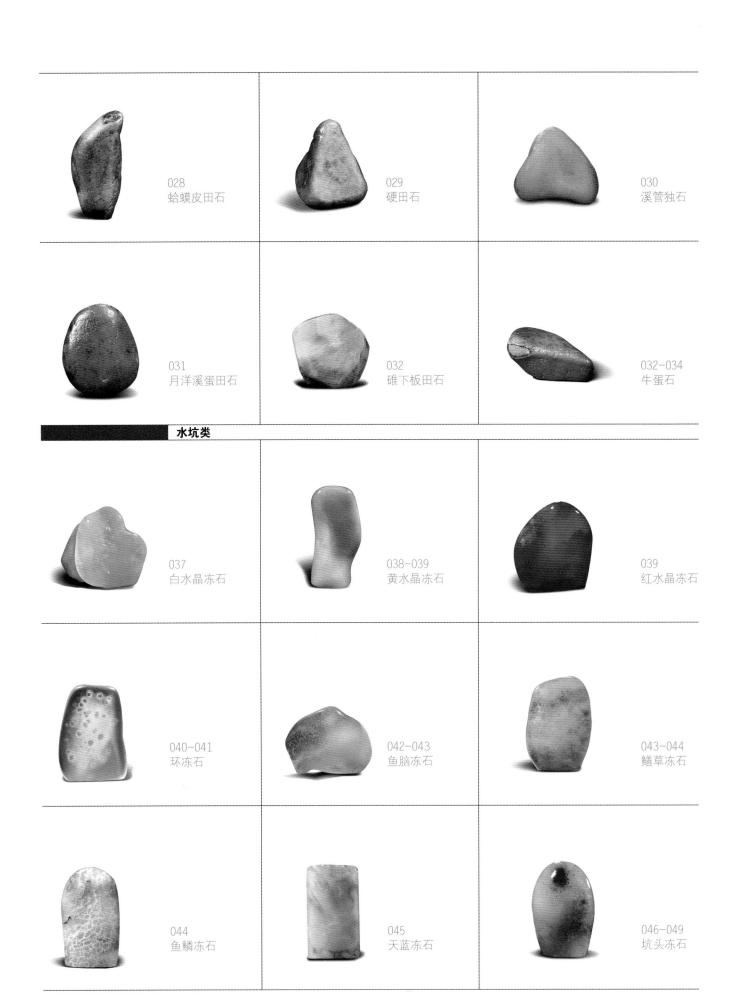

028
蛤蟆皮田石

029
硬田石

030
溪管独石

031
月洋溪蛋田石

032
碓下板田石

032-034
牛蛋石

水坑类

037
白水晶冻石

038-039
黄水晶冻石

039
红水晶冻石

040-041
环冻石

042-043
鱼脑冻石

043-044
鳝草冻石

044
鱼鳞冻石

045
天蓝冻石

046-049
坑头冻石

050-051
坑头牛角冻石

052-053
坑头玛瑙冻石

054-057
坑头桃花冻石

058-059
坑头石

060-061
巧色坑头石

062
坑头朱砂石

063-064
掘性坑头石

065
粗坑头石

066
冻油石

山坑类

高山矿脉

069-074
红高山石

075-076
黄高山石

077-079
白高山石

080-088
巧色高山石

089
高山晶石

090-092
高山冻石

093-094
粗高山石

095-108
水洞高山石

109
夹线水洞高山石

110-115
荔枝洞高山石

116-123
巧色荔枝冻石

124-129
玛瑙洞高山石

130-134
太极头高山石

135-139
鸡母窝高山石

140-144
四股四高山石

145
嫩嫩洞高山石

145
大洞高山石

146
和尚洞高山石

146
虾背青高山石

147
新洞高山石

148-150
红鲎箕石

151
黄鲎箕石

152
灰鲎箕石

153
白鲎箕石

154—155
巧色鲎箕石

156
掘性鲎箕石

157
鲎箕田石

都成坑矿脉

158
油白性高山石

159
掘性高山石

161
红都成坑石

162—165
黄都成坑石

166
白都成坑石

166
黑都成坑石

167
灰都成坑石

168
朱砂冻都成坑石

169—173
花都成坑石

174
蚯蚓纹都成坑石

175
玛瑙都成坑石

176
都成坑晶石

177
琪源洞都成坑石

178
掘性都成坑石

178
粘岩都成坑石

179
粗都成坑石

180
都成坑原石

181
鹿目格石

182-183
尼姑楼石

184-185
马背石

186
蛇匏石

187
迷翠寮石

188-193
方田仔花坑石

194
芦荫石

月尾山矿脉

196
红善伯洞石

197
白善伯洞石

198
黄善伯洞石

199
银裹金善伯洞石

199-200
善伯晶石

201-204
巧色善伯洞石

205-209
善伯奇石

210-212
善伯尾石

213
月尾石

214
月尾绿石

215
月尾艾叶绿石

216
月尾紫石

虎岗山矿脉

218
虎岗石

219
碓下黄石

220
铁头岭石

吊笕山矿脉

221
栲栳山石

223
吊笕石

224-225
鸡角岭石

金狮公山矿脉

227
金狮峰石

228
房栊岩石

229-230
狮鼻石

柳坪尖矿脉

旗降山矿脉

232
柳坪石

234
红旗降石

235
黄旗降石

236
白旗降石

237
紫旗降石

238-242
巧色旗降石

243
老性旗降石

244
掘性旗降石

245
新性旗降石

246
烙红旗降石

248
老岭青石

249
老岭黄石

249
红缟老岭石

250
色缟老岭石

250
老岭通石

251
老岭晶石

251
虎嘴老岭石

252-253
大山晶石

254
大山通石

255
大山花坑冻石

256-262
丰富多彩的大山石

旗山矿脉

263
豆叶青石

264
圭贝石

266
大洞黄石

黄巢山矿脉

268-274
黄巢冻石

275-276
松柏岭石

277
党洋绿石

278
党洋晶石

278
鸭雄绿石

279-286
山秀园石

山仔濑矿脉

加良山矿脉

288
山仔濑石

289-290
连江黄石

292-296
红芙蓉石

297
黄芙蓉石

298-299
白芙蓉石

300
芙蓉青石

301
紫芙蓉石

302
黑芙蓉石

303-305
巧色芙蓉石

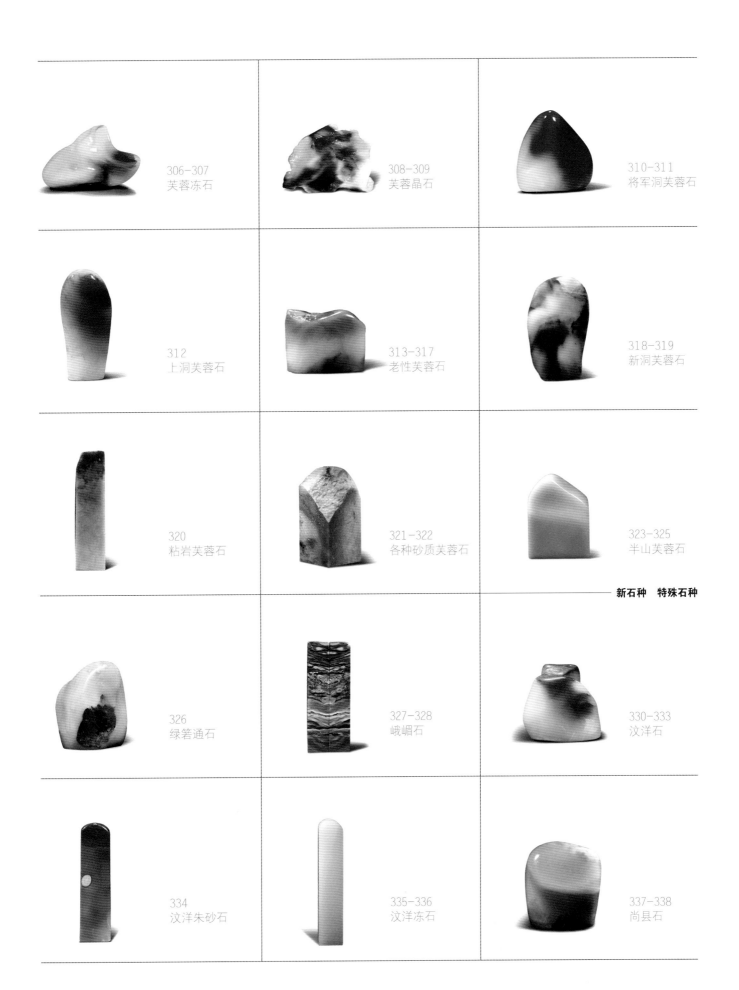

306-307
芙蓉冻石

308-309
芙蓉晶石

310-311
将军洞芙蓉石

312
上洞芙蓉石

313-317
老性芙蓉石

318-319
新洞芙蓉石

320
粘岩芙蓉石

321-322
各种砂质芙蓉石

323-325
半山芙蓉石

新石种　特殊石种

326
绿箬通石

327-328
峨嵋石

330-333
汶洋石

334
汶洋朱砂石

335-336
汶洋冻石

337-338
尚县石

339
东坪石

340
煨红石

341
煨乌石

342
寺坪石

特殊石种鉴赏

—— 桃花篇

345-346
坑头桃花冻石

347-352
高山桃花石

353-355
水洞高山桃花石

356-357
掘性桃花石

358
桃花都成坑石

359
善伯桃花冻石

大红袍篇

360-362
芙蓉桃花冻石

364-366
牛角冻地

367
黄绿冻地

368
红花冻地

369
五彩大红袍

371～372
五彩芙蓉石

373
五彩半山芙蓉石

374
五彩荔枝冻石

375
五彩高山玛瑙石

376
五彩高山石

377
五彩善伯石

378
五彩旗降石

379
五彩都成坑石

380
五彩汶洋石

380
五彩月尾石

奇石篇

381
五彩大山石

382
五彩山秀园石

384
坑头玛瑙奇石

385
坑头奇石

386
高山玛瑙奇石

387-389
高山奇石

390
大红袍奇石

391-394
都成坑奇石

395-398
善伯奇石

399-406
芙蓉奇石

407-408
半山芙蓉奇石

409-413
山秀园奇石

414
花坑奇石

415
大山奇石

416
二号矿奇石

417
鲎箕奇石

418-419
老岭奇石

420
五彩旗降奇石

四、参考书目

清·高照　观石录

毛奇龄　　后观石录

龚纶　　　寿山石谱

张俊勋　　寿山石考

陈子奋　　寿山印石小志

方宗珪　　中国寿山石

后 记

今天的人们很幸福，进入寿山石伊始，便已认知寿山石的收藏升值。我在 20 岁第一次接触寿山石的时候，我只想一件事，雕刻一个印钮我能赚几分钱。为这几分钱，我搭进去最美好的青春。我自己雕刻的数以百计的寿山石作品，绝大部分都卖了。没有办法，为了生活。话说回来，今天的人们又很不幸，进入寿山石伊始，便被寿山石的高度商品化所左右，丰富多彩的寿山石被许多"爱好者"简化成"值多少钱"。从这个角度讲，我又是幸运的。20 世纪 70 年代我关注寿山品种石的时候，寿山石的价格不到今天的百分之一、千分之一，甚至万分之一。因为便宜，我才有可能搜集到数以千计的寿山石品种。它们让我在一个最大的遗憾之外，得到一个足够的补偿。因此，我十分感激那位点醒我的寿山老石农，是他告诉我，"有的石头不能卖，自己留着玩。因为它们已经很难找到。"

寿山石在我家的每一个角落。到我家里的每一个人，几乎都脱不开寿山石的话题。有买寿山石的，有卖寿山石的，有聊寿山石的。寿山石包围着我的生活，渗透在我生活中的每个空间。醒着是它，睡着了还是它。可以说，寿山石陪伴了我一生，也绑架了我全部的喜怒哀乐。有一回，几位朋友来家里喝茶聊石头，兴致正浓之时，有位石友建议："你家里有这么多品种石，可以出一本书。"那一刻，我真的心动了。摸了几十年寿山石，雕刻了几十年寿山石，看了几十年寿山石，我有一份体会和觉悟。这一份体会和觉悟不该随我而去。出一本书，一方面算是给自己一个交待。另一方面，也为我收藏的寿山品种石找一个最理想的安置地。

心动之后就付诸行动，行动之后才发现，出一本这样的书挺难。那么多石头在我眼前，拥挤而又杂乱。要整理归类，让它们有序地排好队，去接受读者的检阅，一时间还真不是件容易的事。还有，好些石头还是原石，要打磨成更易于解读的品种石样品，我得重新去看、去读、去取舍。

几十年，虽然这类事情我一直在做，但我一直没把它当回事，只是将做这种事当作一种娱乐。真当回事了，就当看电影，连续看几个通宵也是很累的。最难的事，当属要补齐品种石缺失的部分。家里翻箱倒柜一遍又一遍，折腾得腰酸腿疼，算是最简单的。家里找不到的就要去市场上找，从"鬼市"找到"藏天园"，从店面找到寿山村石农家里，这种淘宝可不像上淘宝网那么轻松。有的石头，好几个月才找到。有的石头，谈了几个月人家才肯放手。有的石头，那就叫石沉大海。人，忙于一件事的时候，时间过得真快。一年，不知不觉就要过去了，《中国寿山石全品种图谱》终于要跟大家见面，对我来说，总算完成了这一件事。这一年里，儿子冯伟、侄儿吴佳雨也为这本书付出了许多心血。在品种分类、读者需求分析、文字解读等多个方面，他们做了大量工作。他们对寿山石的认知，也给了我许多帮助。还有那些多年的朋友，特别是好友刘鑫先生、王齐敏先生、吴志跃院长、郑伟先生，以及出版社的领导、编辑们，都为本书提供了不少有益的建议和帮助，我都在此表示真心的感谢。

《中国寿山石全品种图谱》不是为寿山石标价的，而是为寿山石的整个家族提供一个展示平台。在这本书里，我只想与读者聊一聊我所了解的寿山石，它的生平、它的特征、它的品格和它的文化内涵。我只想与读者分享自己对寿山石的一份体会和觉悟——它的价值不仅存在于值多少人民币。希望这一本像寿山石辞典一样的书，能为读者在购买寿山石的时候提供力所能及的帮助。另外，还希望《中国寿山石全品种图谱》可以抛砖引玉，让读者在阅读之后，对寿山石有一个比较全面的了解，并因此喜欢上甚至爱上寿山石。

每一个人，都可以用自己的眼光去挖掘每一块寿山石只属于"我"的个性与内涵。每一个人，都可以用自己的心灵去感知每一块寿山石只属于拥有者个人的独特价值。